# 欢迎来到未来

U0314528

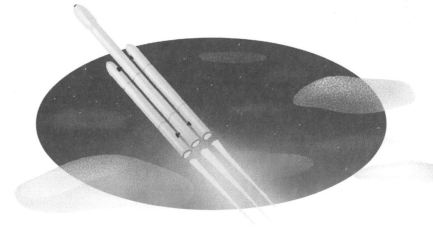

献给那些刚刚来到这个世界的人，特别是我的侄女薇薇安和我的外甥本杰明。未来等待着你们去创造。

凯瑟琳·赫利克

# 欢迎来到未来

# 未来

# WELCOME TO THE FUTURE

［英］凯瑟琳·赫利克 / 著
Kathryn Hulick

［英］马辛·沃尔斯基 / 绘
Marcin Wolski

蒲海丰 李墨 / 译

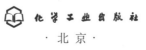

化学工业出版社

·北京·

本书中文简体字版由 Quarto Publishing Plc. 授权化学工业出版社有限公司独家出版发行。

本版本仅限在中国内地（大陆）销售，不得销往其他国家或地区。未经许可，不得以任何方式复制或抄袭本书的任何部分，违者必究。

北京市版权局著作权合同登记号：01-2022-4281

图书在版编目（CIP）数据

欢迎来到未来 /（英）凯瑟琳·赫利克（Kathryn Hulick）著；（英）马辛·沃尔斯基（Marcin Wolski）绘；蒲海丰，李墨译. —北京：化学工业出版社，2022.9

书名原文: Welcome To The Future

ISBN 978-7-122-41812-8

Ⅰ.①欢… Ⅱ.①凯… ②马… ③蒲… ④李… Ⅲ.①未来学－青少年读物 Ⅳ.①G303-49

中国版本图书馆CIP数据核字（2022）第120164号

出 品 人：李岩松　　　　策划编辑：笪许燕　　　　　　责任编辑：笪许燕
营销编辑：龚 娟 郑 芳　　责任校对：杜杏然　　　　　　装帧设计：刘丽华

出版发行：化学工业出版社（北京市东城区青年湖南街 13 号　邮政编码 100011）
印　　装：北京利丰雅高长城印刷有限公司
889mm×1194mm 1/16　印张 7³/₄　字数 120 千字　2023 年 1 月北京第 1 版第 1 次印刷

购书咨询：010-64518888　　　　　　售后服务：010-64518899
网　　址：http://www.cip.com.cn
凡购买本书，如有缺损质量问题，本社销售中心负责调换。

定　　价：68.00 元　　　　　　　　　　　　　　　　版权所有 违者必究

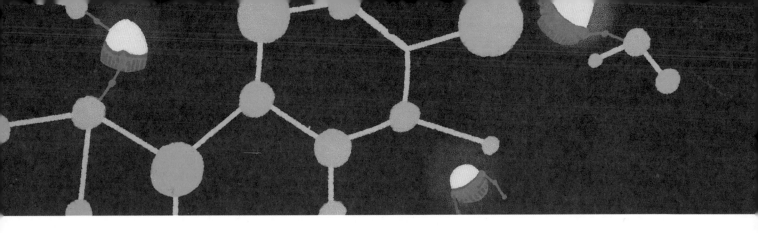

# 前　言

**未来，我们能实现从一个地方到另一个地方的隐形传送吗？能把恐龙当宠物来饲养吗？能在火星上生活，或者把大脑的信息上传到计算机里吗？能与机器人交朋友，或享用3D打印晚餐吗？**

这些都是我们在本书中要探讨的问题。每一章的开头都会展示一幅科技可能带来的美好图景。你面临的挑战是如何深刻地思考，为自己、家人和整个世界想象一个什么样的未来。

随着科学家和工程师们的思考和想象、改进和测试、编程和调试，我们周围的世界正以惊人的速度取得进展。他们正在创造未来。如今，汽车已经实现自动驾驶；人们能用思维控制机械臂或机械腿；医务人员可以用3D生物打印机打印一块块的人类皮肤。虽然科技的发展很快，但如果你对当下的情况了解越多，就越能为明年或未来五年发生的变化做好更充分的准备。

预测未来不是一件容易的事。实际发生的事情远比小说更有想象力。早在20世纪50年代，人们想象到了机器人仆人、太空移民，但没想到电脑能放进口袋里，人们能随时随地与世界上任何地方的任何人联系。现在，虽然你有智能手机，但你还无法在假期探访火星，或者让机器人为你制作三明治。

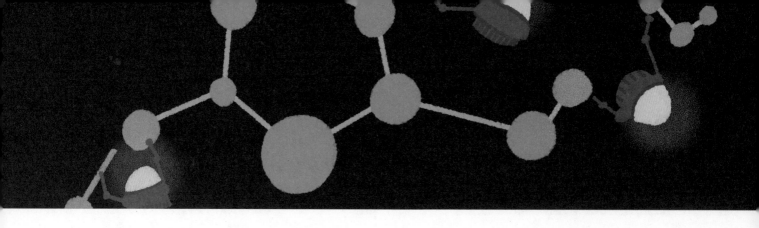

有时，技术上的难题会阻碍一项神奇技术的发展。我们无法拥有机器人的一个原因是机械手还不能随心所欲地抓起任何物体。有时，资金也是一个障碍。核聚变反应堆的建造和运行费用高得离谱，这无疑会制约该领域的研究。

最后一个需要考虑的是对错问题，也被称为伦理问题。例如，我们虽然掌握了基因编辑技术，但不能用它来克隆人。我们可以做某件事并不意味着那是应该做的。到目前为止，我们还不愿意让人冒险去火星，因此才会派上机器人。同样，飞行汽车也很容易实现，毕竟我们已经有了直升机。不过，飞行要比在路上驾驶更复杂，因为在空中发生事故的危险会更大。安全问题只是我们需要三思而后行的原因之一。有些掌握权力和金钱的人或许会利用新技术来压迫或控制别人。此外，新技术还会与人们的信仰或价值观发生冲突。当涉及未来的选择时，所有人的声音都需要重视。

技术本身并没有好坏之分。每一项技术都只是工具，区别在于人们如何使用它。比如3D打印机，有的人会用它来制造武器，有的人会用它打印房屋，替代自然灾害中失去的家园。一名疯狂的科学家也许有朝一日会用基因技术编辑出一个怪物，而这项技术也可以使新冠疫苗的快速研发成为可能。我们不应该对新技术过于担忧，而是要设法理解它、利用它，让我们的生活变得更好。

有些事情或许目前还不可能实现，但没有什么可以阻止人类的想象力、创造力和意志力。当你清楚自己想要什么样的未来时，才会去推动、去创造。欢迎你来到我们的未来。

# 目 录

# 1. 无处不在的机器人

**你一醒来就听到之前从未听过的音乐。睁开眼，你也跟着哼唱起来。"我觉得你会喜欢这首歌的。"你的个人机器人说。"请把它保存到我最喜欢的音乐里。"你一边哼唱，一边向机器人发出指令。**

机器人来叫醒你，并为你准备好一天所需要的一切。机器人拿来你需要穿的衣服，并把睡衣拿走清洗。它会问你早上想吃什么，然后去准备。等你吃完后，它会把餐桌清理干净。机器人不但经营工厂和餐馆，还能修路、盖房子、修理损坏的物件。它们还有自我修复和编程的功能。由于人们不再需要工作，政府会给每个人提供资金支持，让他们学习和追求自己的兴趣爱好。今天，你要和你的乐队一起排练。

无人驾驶汽车会把你带到乐队演奏的场所。在你的头顶上方，一架架无人机飞驰而过，不但运送包裹，还把人们不需要的东西带走。机器人承担着生活中的一切，让这个世界变得安全、便捷。

**人们的生活会像一个过不完的假期**

想象机器人服务人类的情景是很容易的。无需洗碗、洗衣服，有谁不愿享受这样的生活呢？大多数人都不想长时间地从事压力大或危险、单调或乏味的工作，也不愿意考试、做功课。要是机器人能接管这些事情的话，人们的生活会像一个过不完的假期一样。这该有多美妙啊！

## 扫地机器人、无人机与其他

人们会生活在这样的世界里吗？"我认为会的。"俄勒冈州立大学机器人工程师洛斯·海登说。对他而言，这样的未来在我们的生活中是可以实现的。机器人已经在让人们的生活变得更方便。Roomba扫地机器人和许多其他地面清扫设备一样，都可以自动吸尘或清洁。维摩公司的自动驾驶机器人已经在25个城市的公共道路上进行过千万英里的行驶。当你骑车、滑冰或是滑雪时，可以买一架无人机进行拍摄。机器人在工业中的应用更为普遍。它们可以在工厂制造产品，监察建筑工地，在仓库和医院运送物品，甚至可以挤牛奶。

**机器人会根据工作改变形状**

每一款机器人都是为了特定的工作设计的。与科幻小说中类人的金属生物不同，它们可以根据工作的需要拥有不同的形状。第一款取得广泛成功的机器人看起来像个巨人，方方的，还有金属手指。它叫优尼梅特，主要用在生产线进行汽车部件的焊接工作。为什么把它设计成机器人而不是机器模样呢？人们可以通过设置程序，让它执行指定的任务。在1966年的脱口秀节目中，优尼梅特不但把高尔夫球打进了杯子里，还表演了倒水和乐队指挥。

## 机器人，请给我做个三明治！

既然1966年就成为可能，那我们为什么不让机器人完成所有的家务劳动呢？为什么不让机器人进厨房做三明治呢？下面让我们来看一下机器人面临的难题。

第一个问题，厨房是为人的身体设计的。你可以蹲着或者站着来拿东西，所以机器人也需要足够灵活才能够到低处或高处的物品。你可以用手拉开抽屉、拧开旋钮或松开闩锁，也可以拾取物品而不会造成挤压、破裂或掉落的情况。生产一个可以打开特定抽屉、转动某个特定旋钮或拾取某种特定物品的机器人是很容易的，只需要给机器人编程序，来重复一系列精确的动作。难的是设计一种可以完成发现、触摸和抓取各种不同物品的机器人。

**大多数机器人缺少触感**

"抓取物品对你来说可能很容易，对机器人来说，却不是一件容易的事。" 宾夕法尼亚大学研究机器人的博士吉米·保罗说。就这个看似简单的动作，你的大脑在幕后做了很多繁杂的工作。它要计算物体的位置和你的手需要移动的距离，还要算出需要用几个手指抓取和手指的姿态。要是物体很滑、易碎或很重，还需要调整抓取的力度。先不考虑计算量，就目前而言，几乎所有的机器人都缺乏触觉。伍斯特工业学院机器人专家迈克尔·根纳特这样打比方："想象一下戴烤箱手套拿东西的感觉吧。"这就是机器人拾取东西的状态。

工程师们正在研发一种可以抓取物体的软体机器人。它们的手甚至被设计成了章鱼触角的造型。不过，不论机器人的手长成什么模样，都需要进行训练。一种叫作深度学习的人工智能技术可以让计算机和机器人具备从实例中学习的能力（见第10章）。实例越多，效果就越好。加州大学伯克利分校的肯·戈德伯格建立了一个由大约10000个不同的虚拟3D对象组成的虚拟世界，称为Dexterity Network（简称Dex-Net）。机器人可以在这个虚拟世界里学习适合不同对象的抓握力度，以便在现实世界中更好地拾取对象。戈德伯格的机器人能以与人类相似的速度拾起盒子和其他简单的形状。不过，他说，总会有一些东西很难抓到，要想让机器人像人类一样敏捷地抓握，肯定需要几十年甚至更长的时间。

# 确定方位

**对于机器人来说，你的厨房属于非结构化环境**

第二个问题，每个人的厨房都是不一样的。对于机器人来说，你的厨房属于非结构化环境（这与你是否有洁癖或邋遢没有关系），它无法事先知道冰箱、餐具抽屉、储藏柜等的位置。一个不熟悉厨房环境的人也存在同样的问题，但他至少会知道物品可能的位置，而机器人却不知道。

首先，不管颜色或尺寸大小，机器人需要一套计算机视觉系统来确认冰箱或橱柜的位置。此外，还需要辨认不同的物体，如墙和垃圾桶，以避免碰撞。接下来，它还需要生成房间地图，来规划运动的轨迹。深度学习和人工智能技术的部分应用已经让这些成为可能。通过展示上百万件不同的物体，工程师用计算机视觉软件训练了机器人的辨认和排除物体的能力。这样的过程已经让无人驾驶汽车在道路上辨认出行人与其他车辆并进行定位。另外，无人驾驶汽车还能不断扫描周围环境，避免撞到其他物体。

不过，能够找到冰箱且不撞到椅子到达厨房只是问题的一部分。"谈起制作三明治的问题还离不开你所了解的生活常识。" 根纳特说。冰箱里可能会有果冻，但

干净的盘子和餐刀一般不会在里面，这一点你很清楚，因为这是你积累的生活经验，但机器人并没有年复一年观察冰箱和橱柜的经验。不过，它们也有人类没有的一项优势，那就是思维的共享。"一旦一个机器人解决了问题，其他机器人也就知道如何解决了。" 根纳特解释说。因此，当一辆无人驾驶汽车探测并避开了路上的小松鼠后，它会把这样的经验分享给其他无人驾驶汽车。这样，它们今后都能更好地避开路上的松鼠了。

它们也有人类没有的一项优势，那就是思维的共享

即使这种快速知识分享得到了应用，你还是需要在厨房里训练你的机器人，帮助它找到需要的东西。这样的训练是机器人技术取得极大进展的另一个领域。如今，在工厂里，人们不再需要小心翼翼地为机械手臂的每一个运动编程了。诸如"索亚"型的合作机器人，传感器能够让它了解周围的环境和自身的空间位置。为了训练"索亚"机器人，工人会弯曲和伸展手臂，带领它一步步地完成任务。机器人则会记住运动过程，以便进行重复。如果把所有的材料换成三明治的配料，且摆放位置不变，那这个机器人也就能制作三明治了。

# 意外，意外

当然，同一个厨房也不会一成不变，这是第三个难题。机器人会遇到意外的情况，例如，花生酱放错橱柜了，或是放在了一旁，或是更糟糕的情况——把用完的空罐放回原处；你的猫或许正在橱柜的门前睡觉。那么机器人如果还想成功做出三明治，就要先解决问题、处理障碍。这不仅需要具有对周围世界的认知能力，还需要对未来可能问题的预测能力。比如，如果有猫睡在橱柜门前，打开门就会让它受到伤害。事实上，机器人是不会理解这一点的。

塔夫茨大学的计算机科学家马蒂亚斯·舒茨和他的同事正致力于帮助机器人应对潜在的危险。舒茨指出人们不会总是给机器人安全的指令，例如，让机器人去拿花生酱，却没注意到猫挡住了门。所以机器人必须能够自己判断指令是否安全。舒茨的团队已经设计了一个软件，让任何类型的机器人具有思考能力，判断自己是否安全。他们合作过的一个机器人叫娜奥，是一个娃娃大小的机器人，有着与人类相似的身体。在一次演示中，娜奥站在一张小桌子的边上。舒茨团队的一名成员要求机器人向前走。如果机器人服从，它会掉到地上。"但这是不安全的。"娜奥回答道。当团队成员承诺一定会抓住它时，它才向前走，于是离开桌边，掉进了他的手里。

舒茨团队为娜奥编辑的程序虽仅限于某些类型的场合，但他们有信心让机器人更安全。

# 智能系统

要是只想让机器人为你做三明治，你可以选择去有餐饮机器人的咖啡馆。这款机器人能够利用结构化环境来制作三明治。首先，你无需说话，只需点击屏幕，选择自己喜欢的三明治，然后面包就从传送带送过来，上方的软管会喷出果酱或花

生酱之类的东西。一个三明治就做好了。这种餐饮机器人不需要打开人们的橱柜和抽屉，也不用拿取罐子或餐具什么的。它不用自己找任何东西，机械设备完全封闭运转，保证了安全性。不过，这样的机器人很占空间，没有别的功能，只能制作三明治，与机器人相比更像一台家电。

**我们在电影中看到的机器人做家务的想法有些牵强**　　宾夕法尼亚大学机器人学博士生丽贝卡·李和伊丽莎白·亨特认为，在不久的将来，智能电器比人形机器仆人更有可能出现。"我认为我们在电影中看到的机器人做家务的想法有点牵强。"亨特说，"但我认为自动化水平的提高是非常可行的。"自动化意味着在没有人监督的情况下自主完成一项任务。例如，你有一台冰箱，它可以检测到什么时候东西会用完，然后订购更多的东西。该订单可以送到装备机器人的仓库，机器人可以自动找到物品并将其打包装运。

　　造一个能胜任任何人类工作的机器人可能永远没有意义。机器人更有可能朝专业化的方向发展。不过，专业化越强，自动化程度也就越高。你可能听说过"物联网"这个名词。这是一种物体可以收集和分享信息的互联网。专业的机器人只是这个系统的一部分。随着物联网的扩展，家庭、医院、农场、工厂，甚至整个城市都会变得越来越智能。在新加坡，智能系统可以预警交通拥堵或道路施工，还能寻找空余的停车位。在西班牙的巴塞罗那，埋在地下的传感器会告诉园艺工人植物什么时候需要浇水。智能系统和机器人最终会管理整个世界。

# 机器人管理社会

　　生活在智能家园、智能城市，有机器人助手相伴，听起来令人兴奋，但要实现这样的目标还需要解决一些重要的问题。首先，机器人和智能系统很容易让我们遭到攻击。那些懂黑客技术的人有可能会入侵这些系统。2016年，黑客就曾入侵乌克兰基辅的计算机系统，很快让电力系统瘫痪。未来，黑客们还可能会控制无人驾驶汽车、无人机或机器人管理的工厂、农场、学校或医院，来制造破坏和混乱。一个功能混乱的机器人本身也会造成严重的问题。

**建造、运行机器人和智能系统要消耗很多能量**

此外，建造、运行机器人和智能系统要消耗很多能量。一个安装传感器和自动系统的家庭要比一个普通家庭消耗更多的电能。开发和管理机器人也需要很多电能。这些电能大多都来自有损环境的化石燃料。为了在全世界使用机器人和智能系统，我们必须先找到更清洁的能源（见第4章）。这些系统的建造和维护都需要大量的资金投入。如果只有富裕的国家和有钱人能负担得起这项新技术，那么大多数人就会被落在后面。

提及钱的问题，要是机器人完成所有工作，那人们怎样获得收入呢？随着无人驾驶汽车取代有人驾驶的卡车、公共汽车和出租车，那些司机们就得另找工作了。可要是机器人取代了所有的工作会怎样呢？很多人可能会无家可归、忍饥挨饿。有些专家认为政府应该给每个人发基本工资。

即使发基本工资的想法能变为现实，你真的会享受永久的假期吗？玩电脑游戏或整日与朋友相伴只会带来一时的快乐，你最终会感到厌倦，甚至是自艾自怜。人类都有对价值和成功的追求。你或许并不总是喜欢上学，但教育、工作和职场可以提供目标意识和成就感。运动、游戏、艺术、音乐和其他兴趣爱好能够替代学校的学业和工作，但前提是人们需要获得适当的学习材料和训练。

**你会真的享受永久的假期吗**

即使机器人非常能干，人们也不会让机器人从事某些工作。你愿意让机器人做你的老师或教练吗？做保姆或护士如何？可爱的、有着海豹外形的机器人帕罗已经可以在养老院安慰老人。种类各异的机器人还能帮助患有自闭症的儿童学会交流。

**你愿意让机器人做老师或教练吗**

许多机器人可以模拟人的声音和表情。有些机器人还可以识别和模拟人的情绪。人形机器人派伯已经能在宾馆、银行、机场、购物中心等地方为人类提供帮助。当看到有人很开心时，他就会做出微笑的表情。要是有人显得沮丧，他就会用话语来安慰。但实际上，派伯没有任何感情。使用帕罗或派伯的人因为能得到他们的爱而信任他们、喜欢他们，甚至与他们交朋友。这是否存在着伦理问题？或许，只要人们能得到他们需要的关爱，这个问题就不重要了。

如果机器人没有生命，没有任何感觉，是否意味着人类可以不善待他们呢？研究表明，一个朝机器人乱喊乱叫的人不尊重其他人的可能性更高。要是机器人人性化到可以与人类建立朋友关系的程度，就像《星球大战》中的C-3PO和R2-D2一样，那么机器人也许除了尊严以外，还应享有基本的人权和自由。

# 机器人规则

　　我们越依赖机器人，确保他们决策的安全性和符合人类价值观就显得越发重要。在艾萨克·阿西莫夫的科幻小说中，机器人需要遵守三条原则：他们不许伤害人类且必须服从人类、保护人类的安全。不幸的是，这样的原则并没有覆盖所有情景。例如，要是一个孩子突然出现在无人驾驶汽车的前面，这辆车是应该急速转向，造成车内人员的可能伤亡，还是冒碾压孩子的风险呢？正确的决策取决于具体的情况和个人的信仰体系。

　　机器人和智能系统已经出现在我们身边。如今，你和世界上的其他人都有重要的工作要做。你需要设计机器人的信仰系统和未来促进人类繁荣的最佳方式。

# 2. 隐形传送

**你的闹钟半夜响了。你从床上跳起来。就在今天，你要和一群朋友一起去乞力马扎罗山脉徒步旅行。**

你赶紧穿好衣服，吃早饭。然后走进一台冰箱大小的机器，点击屏幕，选择旅行目的地——非洲最高的乞力马扎罗山。扫描仪上下扫描你的身体。你闭上眼睛，消失了。

不过，你并非真正地消失。当你睁开眼，会发现自己在另一台机器里。门开了，你的面前是一片空旷的岩石，周围到处都是植物和杂乱的小灌木。一座巍峨的山峰高高地耸立着，它就是坦桑尼亚乞力马扎罗山的顶峰。现在已经是凌晨了。你和朋友将花一周的时间在这里徒步，然后由机器传送回家。你身后的机器呼呼作响，你的朋友们一个接一个地走了出来。很快，越来越多的朋友从世界各地"赶"来了。

隐形传送使物体从一个地方瞬间转移到另一个地方成为可能。人们不再需要汽车、卡车、火车或飞机来搬运东西。每个人都能立刻获得食物、药品和他们需要的一切。没有人再想家了，因为家的距离只是到附近的传送亭那么远。虽然爸爸妈妈在遥远的城市或国家工作，但仍然可以回家吃午餐和晚餐。音乐会或足球赛也不会因距离远而无法前往。人们的旅行目的地可以是地球上的任何地方；在周末，一家人可以去世界上任何一个国家公园遛狗。你甚至可以飞到月球或火星上进行一次快速的访问——隐形传送已经可以走出地球了。

**你可以参观世界上任何一座国家公园，目的只是遛遛狗**

# 物质与能量

在《哈利·波特》中，神奇的消失柜可以瞬间把人或物品从一处带到另一处。在《星际迷航》中，一群太空探险家使用一种虚构的"瞬时传送"技术。"把我发送出去！"他们说完就从一个行星上消失，重新回到宇宙飞船上（反之亦然）。从电视节目的解释来看，时空传送器是这样工作的：

第一步：把一个人的身体变成一束粒子，然后把粒子束送到一个新的位置。

第二步：把所有的粒子重新组合成人的模样，和以前完全一样。

其中的每一步都伴随着一些巨大的、无法解决的潜在问题。在第一步中，运输工具必须把人分解成微粒——更小的物质构成单位。已知最小的粒子是夸克。根据科学家目前对物理学的理解，把一个人变成夸克云大约需要10万亿摄氏度。这个温度是太阳中心温度的100万倍！人类已知的技术还无法产生这样高的温度，而且这样的温度无疑会置人于死地。即使你有在别处复活的可能，瞬间死于炼狱中听起来也令人很不愉快。因此，没有人会愿意去尝试这样的机器。

**瞬间死于炼狱中听起来令人很不愉快**

不过，隐形传送技术不必破坏和传送原体。要是这项技术可以利用光束粒子重建人体的话，那么也同样可以使用任何粒子。机器真正需要的是如何将人组合在一起的说明书或蓝图。可是，重组人体需要什么呢？没有人知道。至少，需要有人的基因密码和高度精确的大脑扫描图像。研究人员计算发现，这有$3×10^{30}$字节的信息。"神经元及其相互连接的数量超乎想象。"退休物理学家西德尼·珀科维茨说。他是《好莱坞科学》一书的作者，曾在埃莫里大学任教多年，讲授物理课程。即使重组我们经常上传和下载的、容量只有几千兆字节的电影和视频游戏，也需要一些时间。现有的技术还无法在合理的时间内发送或接收大脑扫描图像。

这仅仅是第一步！在第二步中，机器需要遵照蓝图，使用粒子精确地把整个人3D打印出来。这似乎不可能。因为到目前为止，研究人员还没有找到打印单细胞生物的方法（具体见第6章）。

此外，从传送工具中走出来的人与之前走进去的人应当是一模一样的。物理学中的不确定性理论意味着你无法准确判断粒子运动的轨迹，所以3D打印也可能会出现小问题。而这些小问题会累积成大问题。在你去乞力马扎罗的路上，隐形传送设备或许会丢失你大脑的重要信息，或者打印机会掺杂其他人的神经元。这会让你遭受脑损伤。即使你安全到达了，最初进入隐形传送设备的你会发生什么呢？你的身体死亡了吗？隐形传送设备在新地点复制你了吗？每次旅行时，你真的愿意死亡或复制自己吗？两个选择都有些奇怪。

**这会让你遭受脑损伤**

这样的想法过于牵强，严肃的科学家都不愿意对人体传送进行研究。珀科维茨认为这样的想法很有趣，但实际上很难实施。隐形传送的速度可能不会比汽车、飞机或宇宙飞船的速度更快。

# 从虚拟空间到全息图

不过，你知道吗？你已经可以足不出户就徒步乞力马扎罗山了。只要戴上虚拟现实（VR）的头盔设备就可以实现。虚拟现实技术已经有几十年的历史，只是设备比较笨重和昂贵。如今，价格便宜又小巧的设备已经可以提供生动的体验。虚拟现实不会把你带到一个新地点，却能给你带来身临其境的体验。当然，你看到的和听到的并非来自那个地方，整个体验只是大脑的美妙幻觉而已。

例如，斯坦福大学的虚拟人机交互实验室（VHIL）设计了一个模拟坑。站在平坦的地板上就能让你感觉自己仿佛站在深坑的边缘，有一块狭窄的木板通向深坑的另一边。由于这种危险的幻觉太过真实，30%的参与者虽然清楚自己站在稳固的地面上，但仍然拒绝走过去。

**体验只是大脑的美妙幻觉而已**

增强现实（AR）技术将虚拟身份和内容带到我们的现实世界。比如，你可以下载应用软件（APP），使用智能手机和话筒来制作恐龙在你的起居室穿行的幻境。人们也可参加虚拟表演者的音乐会或演出活动。虽然惠特尼·休斯顿2012年已经去世，但她的虚拟形象却在2020年举办了巡回演出。虚拟现实和增强现实有时候会统称为扩展现实（XR）。

扩展现实技术能够制作任何人的幻象，甚至包括你自己的。如果摄像头捕捉到你运动的三维画面，那么另一个设备就可以投射出你的形象。一种被称为光场显示的技术可以产生极其逼真的物体三维投射形象。这些幻象与科幻小说中的全息图非常相似。扩展现实开发者尼玛·齐格哈米负责管理名为"LeiaPix"的在线平台，类似于"照片墙（Instagram）"的光场图像显示平台。一个用户发布了一朵紫色的花。齐格哈米说："这朵花看起来就像真的一样，你可以伸手去摘。"

在新冠疫情期间，人们不得不利用各种设备来在线学习、庆祝生日、节日以及拜访亲朋好友。有些人还不得不利用这种方式与所爱的人悲痛地别离。扩展现实技术可以让人们以虚拟的形式相聚，却有真实的体验，就好像真的在一起一样。

## 机器人身体

虚拟身份或全息图像无法进行真实的互动，而机器人却可以做到。人们已经开始使用遥控机器人来探索危险的地方，如深海或外太空。救援人员使用机器人或无人机来进行实地探测或者搜寻灾难幸存者。有的医生会用机器人来对病人进行问诊。目前，使用这些机器人就像是用视频通话来驱动遥控机器人一样。不过，要是扩展现实让你感觉就像身临现场一样会如何呢？

## 机器人通过设备传送触觉、嗅觉或味觉

未来，要是有人想攀登乞力马扎罗山，他可以租一台能徒步行走的机器人。当机器人走上小路时，他在家里就可以通过机器人的摄像头来观察，通过麦克风来倾听，通过他身上的传感器来感受。他会有一种身临其境的感觉，好像就在山上一样。扩展现实技术开发者埃姆雷·塔尼尔根曾经设计过一个名叫"朵拉"的机器人，有助于我们了解未来。通过机器人的摄像头和麦克风，操作者戴上头盔后就可以看到外面的世界。同时，"机器人也会模仿人的头部运功方式。"塔尼尔根解释说。要是你想通过机器人观察周围，只需转转头，机器人的头就会相应地转动。理想的状态是，你还可以让机器人通过设备来传送触觉、嗅觉或味觉。此外，机器人还能让你在任何想去的地方行走、奔跑，甚至攀登。虽然目前机器人技术和扩展现实技术还不能隐形传送，但塔尼尔根认为，这些会在20年内变为现实。

机器人会赋予人类前所未有的感受和力量。人们可以在黑暗中观察，感受热量和电力，体验飞行，甚至进行深潜。人可以变得像大型机器人那么大，也可以像微型机器人那样小。这些都是虚拟现实已经能够提供的体验，是对现实世界的体验哦，而不是在数字幻觉里。

18

# 一个新世界

在扩展现实中，我们讲述故事和分享信息不再受文字、声音和形象的限制，而是分享整体的体验。"我们不仅能用大脑思考，"未来研究院新兴媒体实验室主任托什·安德斯·胡说，"还可以用整个身体，甚至周围的环境来思考。"利用扩展现实技术，除了观看家庭视频，还可以重温录制的家庭记忆。工程师们可以先练习修理喷气发动机的全息图，再进行真正的修补工作。外科医生可以在虚拟患者身上练习。你可以通过动手操作来学习，而不只是看和听。

**人们也许会在扩展现实上花费过多的时间**

不过，扩展现实的实现也带来了一些棘手的伦理问题。为了呈现更好的效果，扩展现实技术必须捕捉大量关于人和周围环境的信息。任何制造扩展现实设备的人都可以潜在地追踪你的位置以及你日常说话和行动的方式。人们将不得不为保护这些个人隐私而斗争。

另一个潜在的问题是，人们可能会在扩展现实上花费太多时间。互联网、社交媒体和电子游戏已经把人们吸引到想象的世界，脱离了现实世界。当你的家人或朋友沉迷于网络或游戏而不关注你时，你是否感到生气或沮丧？然而栖身于酷炫的化

身或机器人身上的体验可能更令人上瘾。在电影《头号玩家》中，虚拟世界如此完美和充满活力，以至于大多数人更喜欢这种幻境。在另一个世界扮演他人不仅仅是种娱乐，还会让你完全脱离现实。

**现实世界的体验有很多益处** 现实世界的体验有很多益处。例如，在乞力马扎罗山的一次真正的徒步旅行中，你可能会因为看到一只罕见的薮（sǒu）猫而惊喜，你可能会受伤或迷路，也可能会在旅行中越来越兴奋，而愿意去挑战危险，并因此感到自己充满活力。而虚拟世界只能模拟发现和风险。那是一种错觉，你可以随时摆脱它。所以，你可能不会像在真正的山上那样兴奋。你也不会得到那么多真正的锻炼或阳光照射，这些对人类健康都很重要。同样，很难想象扩展现实中的拥抱能像现实中的拥抱一样让人感到安慰。即使你只穿一件背心来传递拥抱的压力，你得到的仍然只是一种错觉。

出于所有这些原因，扩展现实并不意味着要取代现实世界的体验。相反，它提供了一种全新的、原本不可能的体验方式。任何人都可以通过扩展现实来徒步攀登乞力马扎罗山，即使是那些身体欠佳的人。此外，扩展现实中看似真实、其实并不存在的危险可以帮助人们克服恐惧或医治创伤。任何人都可以通过扩展现实进行拥抱，甚至是那些因新冠疫情无法前去探望的人。这虽然和真实感觉有些不同，但总比没有强。

人们甚至可以拥抱已离世的亲人，这听起来似乎有点令人毛骨悚然，不过真的实现过。2020年，张志成和她的小女儿纳妍通过扩展现实实现了重聚。7岁的纳妍在2016年离世。虚拟现实开发者利夫·埃里克森表示，"我可以用虚拟设备让家人尽可能长地享受在一起的时光。" **家人还可以拥抱已经离世的亲人**

不幸的是，骗子也可以用虚拟事物来骗人，让他们相信不该信任的人。网上已经出现了钓鱼游戏：有人假冒他人身份来骗取钱财或愚弄别人。要是虚假的人不但

有资料照片，还有完整的身体，危害就更大了。如果虚拟现实的幻境或扩展现实的全息图足够真实，人们就可能上当受骗，认为那些虚拟的人或物品是真的。

**你可以随时与任何人一起探索任何地方**

不过，扩展现实也具有使这个世界变好的潜力。这项技术开创了现实中无法实现的、新型的接触和体验方式。在一次虚拟现实社交体验中，当众多参与者加入同一物体的游戏时，出现的一道道亮光把他们联系在了一起。他们都明白了使用这一物体的新方法。说到旅游，你能做的不只是隐形传送。"你可以随时与任何人一起探索任何地方，"胡博士说，"你可以像超级英雄一样在城市上空飞翔，还可以缩成一团，乘着雪花在空中飞舞，或者观察宇宙大爆炸的瞬间。"

你还可以变成想要成为的人。你甚至能以别人的身份走上一英里。"你生来是谁并不重要，重要的是思想、感情和想法。"齐格哈米认为。你可以利用这种自由来探索不同的维度。例如，虚拟人机交互实验室创造了无家可归者的VR生活体验。在一个场景中，当你坐公共汽车时，其他人试图拿着你的东西取暖。这种经历建立了同理心和同情心。作为不同文化、种族、民族或性别的一部分的生活经历也可能产生类似的影响。我们可以使用扩展现实技术传送到其他地方，体验其他的生活方式，以便能更好地了解彼此和我们的世界。

**你生来是谁并不重要，重要的是思想、感情和想法**

23

# 3. 太空城市

　　一艘圆滑的飞船升上天空，然后冲过地球的大气层，进入黑暗的太空。你凝视着舷窗外那颗蓝、绿、白色相间的星球——地球，准备开启一段长达数月的旅程。

　　你终于接近了目的地。这是一个笼罩着淡淡云彩的红色世界。"我们很快就要到达火星了，"机长说，"请系好安全带，准备着陆。"飞船不断下降，"砰"的一声着陆了。你穿过一段隧道，进入一个巨大的穹顶。里面生长着各种各样的植物，机器和计算机嗡嗡作响，维持着它们需要的空气和温度。一段阶梯向下延伸，通向错综复杂的隧道和山洞，那里是火星地下的城市。

**我们很快就要到达火星了**

　　整个太阳系有很多类似的城市体系。月球基地管理着小行星的开采。成千上万人生活在巨大的、自由飘动的太空站里。一些勇敢的探险者分组结伴去太阳系外探险。他们可能会在飞船上度过余生，再也不会重返地面。有朝一日，他们的子孙后代会到达外星世界。人类的生活范围已经拓展到地球以外的世界。虽然你今天身处火星，但银河系以外的世界还有待继续探险。

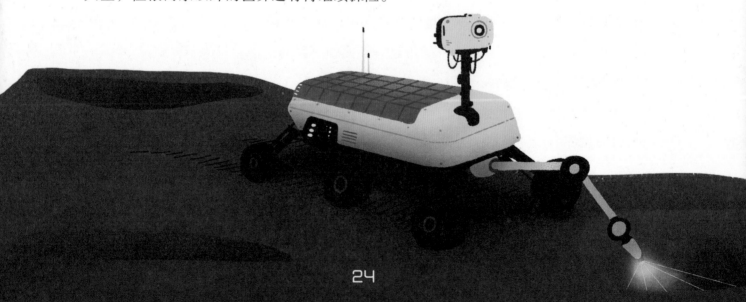

# 火箭科学

宇航员们不但登上了月球，还开始了国际空间站的生活。科学家们把机器人着陆器送上了火星，也向其他行星、卫星、小行星和彗星发射了探测器。为什么我们仍未在火星上建立基地呢？1969年，美国总统曾考虑过在1982年把人类送上火星的计划，不过美国最终却选择了建造航天飞机。航天飞机往返于太空运送人员和补给已经有30年时间了。事实上，我们已经掌握太空技术并且运用了很多年。

高昂的成本让多数航天计划无法顺利进行。把货物送入太空既昂贵又危险。地球的引力和稠密的大气层会对试图逃逸的任何物体产生阻力。为了克服地球的引力，飞行器的速度必须非常快，达到11千米/秒。以这样的速度从纽约飞到伦敦只需要8秒。

**火箭上的大部分推进剂是用来把其余的推进剂送上太空的**

这么快的速度是靠火箭在巨大的爆炸中燃烧推进剂实现的。由于太空中没有补给站，火箭必须携带足够的推进剂。这使得火箭非常重。火箭越重，需要的推进剂就越多。火箭上的大部分推进剂实际上是用来将其余的推进剂推向太空！

因此，飞行器上没有太多空间来容纳所谓的有效载荷。有效载荷包括进入太空的宇航员和设备。2012年，用航天飞机将0.5千克（约一个足球）有效载荷送入太空的费用约为5000英镑。想象一下你去火星旅行的行李要花多少运费吧！好在私营公司正在寻找更便宜的方法来制造和发射火箭。2020年，SpaceX公司使用猎鹰9号火箭成功发射了两名宇航员。在过去的几年里，他们已经证明可以安全地回收和再利用这枚火箭。过去，每一次太空发射都需要大量新设备。能够重复使用的火箭无疑可以大大降低发射成本。用猎鹰9号向太空运送0.5千克重的物资只需花费1800英镑左右。该公司希望将成本再削减一半，让人们都能负担得起火星之旅。SpaceX的创始人埃隆·马斯克计划到2026年将人类送上火星。"我们的技术可以让每个人都去那里，"得克萨斯州休斯敦月球和行星研究所的天体生物学家肯达·林奇说，"我们正在努力让人们安全着陆并生存下来。"

**埃隆·马斯克计划到2026年将人类送上火星**

## 寒冷的红色沙漠

**想象一下南极的生活吧，去掉空气和大部分水资源，再把温度降得更低些**

在火星上生活会是什么样呢？想象一下南极的生活吧，去掉空气和大部分水资源，再把温度降得更低些（哦，还要去掉企鹅，因为火星上是不会有的）。最大的问题是没有氧气。地球被稠密的大气层（主要是氮气和氧气）包围，而火星的大气层很稀薄，几乎完全由二氧化碳构成。人需要氧气才能生存，只有二氧化碳会窒息的。

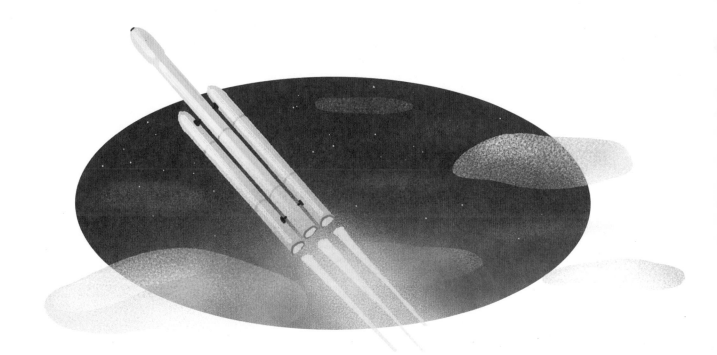

我们之前在国际空间站上解决过空气问题：将水电解，转化为空气。在这个过程中使用电来获取氧气，让宇航员呼出水（$H_2O$）分子。国际空间站上的水最初来自地球，但将水运到火星的成本太高。如果火星上有液态水，那么它可能就埋在将近两公里厚的冰盖下。火星土壤中也含有微小的冰块，不过要把冰从土壤中取出并融化，需要消耗大量的能量。能量可以来自太阳能电池板，也可以来自核反应堆。因此，火星定居点需要能量来提取水，制造空气，还需要一个封闭的空间或栖息地来容纳空气。当然，定居点也需要饮用水、生活用水和农业用水，因此将废水回收是有意义的。在国际空间站上，所有的废水，甚至尿液，都被处理并回收到供水系统。空间站上的宇航员有一句笑话："昨天的咖啡就是明天的咖啡。"

**在国际空间站上，尿液被处理并回收到供水系统**

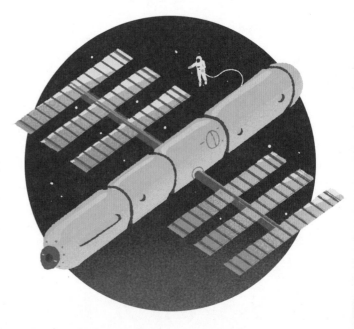

地球定期向空间站提供食物、药品和设备，宇航员也能随时与地球上的人聊天。火星定居点就不会有这种支持，因为距离太远了。地球和火星以不同的速率绕太阳运行，人们只能两年往返一次，即便如此，以我们目前的技术，单趟旅行也需要大约6到8个月的时间。如此遥远的距离自然会增加信息传输的时间。如果你在火星上给地球上的朋友发短信，信息需要3到20分钟才能到达。因此，火星定居点必须自给自足，自己制造能源、水、空气，种植粮食。

即使撇开这些不谈，生活在火星上的人们仍然面临一个重大问题——火星没有磁场。你可能意识不到这是个问题，会问这有什么关系吗？太阳、恒星和其他宇宙物体会释放出大量能量，称为辐射。一部分是以可见光的形式存在的，也有许

多是不可见的。辐射会破坏活细胞，诱发癌症。幸运的是，地球磁场将最有害的辐射反射掉了。我们可以使用防晒霜来保护自己不受辐射的伤害。在空间站、月球或火星表面，是没有磁场的，也意味着没有防护罩。所有去过月球或空间站的宇航员都会在短时间内暴露在高强度的辐射下。前往火星的人将在长达数月的旅程中暴露在辐射中。任何生活在火星上的人都需要比防晒霜厚得多的东西来保护自己。他们需要厚墙或洞穴。罗伯特·祖布林是一名航空航天工程师，也是火星协会主席。他预测，火星上的人"将在地下生活大半辈子"。

# 火星，甜蜜的家

把火星变成适合人类居住的地方并非易事。即使我们能在地球上建造火星栖息地，设计供电、供水和氧气系统，提供食物，阻挡辐射，我们最终还是要把它送到火星上去。要知道，火箭的有效载荷是有限的，装载的东西越轻越好。膨胀或可折叠的材料和结构可以运载，但轻质量的塑料在火星极端环境下不耐用。

在火星上就地取材进行栖息地建造或许是更好的办法，但问题是由谁来建呢？南加州大学的工程师贝洛克·霍什尼维斯提出了使用机器人和大型3D打印机的方法。火星土壤含硫较高的说法已经得到证实，而硫易融化。"当硫冷却的时候会与很多其他物体粘连在一起。"霍什尼维斯解释说。使用这种具有黏性的硫，机器人系统可以生产出类似混凝土的砖块，或者使用火星土壤的3D整体结构。霍什尼维斯的团队已经在地球上验证了这种工

**另一个奇妙的想法是利用真菌在火星上形成结构材料**

艺。他们取得了类似火星土壤的物质，然后用机器人和3D打印设备制作了一面墙和嵌挤式砖块。不过，难点是人们无法在地球上遥控机器人和3D打印机。还记得时间延迟的问题吧？要想从地球上遥控机器人，需要花费40分钟甚至更长时间才能完成数据传输。因此，机器人不得不自主完成工作。由于需要搭车前往火星，它们还需要能源和较轻的质量。另一种有趣的建造方法是利用真菌。房屋建造可以从搭建塑料框架开始，然后让真菌在上面生长。蘑菇和其他真菌能产生像树根一样四处生长、韧性很强的菌丝。"实验证明，这些菌丝的韧性比混凝土还强，重量则比砖块还轻。"美国航空航天局项目（NASA）创新先进概念（NIAC）项目主任杰森·德莱思认为。该机构资助了这项研究。火星空气中的二氧化碳有助于真菌的生长，只需要一点点水和食物。细菌、藻类甚至人类的排泄物都可以养活它。一旦建造完成，真菌就会死掉，而菌丝形成的坚韧框架则可用来建造其他建筑。

无论用何种方式建造火星栖息地，人类只能生活于其中，需要完全依赖生存保障系统，不穿太空服无法外出，简直像在监狱中一样。对于大多数人来说，这样的生存方式令人很不愉快。若要在火星上建立面向未来的栖息地，需要改变的要么是这个星球，要么是生存的人类。

改变行星环境，让它变得像地球的过程叫作仿地成形。对火星来说，这个过程可能是这样的：首先，你需要让火星变暖。这可以通过太空中的巨型反射镜来实

30

现，这些反射镜将阳光集中对准火星表面，使其升温。或者像埃隆·马斯克开玩笑时说的那样，引爆核弹。

随着火星变暖，冰层融化，它内部的气体开始释放，大气因此 **火星是个具有可** 变得越来越稠密。这与地球诞生时的气候变化很相似。这样的想法似 **塑性的星球** 乎只能存在于科幻小说中。美国航空航天局在2018年发布的报告中指出，由于火星表面没有足够的物质材料产生类似地球的大气条件，以现有的技术改造火星是不可能完成的任务。祖布林相信到22世纪时，工程师们会有"更多魔法般的手段"。正如马斯克所说的那样，"火星是个具有可塑性的星球"。即使这样，这一过程或许会花费1000年甚至更长的时间。

另一个选项是对人的改造，也就是用基因工程或机器人技术来改造人体，使其适应火星现有的环境，能在上面生活。我们将在第8章探讨这项技术的原理。

## 飘浮的城市

不过，火星真的是建造太空移民栖息地的最佳地点吗？德莱思指出，在空间站建立栖息地要比在火星表面建立栖息地容易，毕竟我们已经建立了国际空间站。像这样的栖息地可以绕地球和火星的8字形轨道旋转。为了获取资源，空间站可能会依赖小行星。小行星含有的矿物质可以用来制造水、推进剂、建筑材料等。

**金星上空的飘浮城市或许是最适宜的太空栖息地**

失重对生活在空间站上的人们来说是个问题。在空中翻筋斗似乎很有趣，但长期失重对人体健康很不利。肌肉和骨骼很快就会失去力量，眼睛内多余的液体会导致视力问题。20世纪70年代，物理学家杰拉德·奥尼尔提出了在一个巨大的、自由飘浮的圆柱体内建立自给自足的栖息地的详细计划。船的自转可以模拟重力。栖息地将从太阳获取能量，种植所需的食物。还有的研究人员提出了甜甜圈形或球形栖息地的设想，但目前还没有人建造这样的栖息地。

我们的另一个邻居金星如何呢？这个星球不太友好。表面的大气压力会把潜艇压碎，温度在465摄氏度左右，比烤箱内部的最高温度还要高。硫酸，这种腐蚀人皮肤的化学物质构成了金星低层大气的云，而高层大气则不同，那里的温度、气压和引力都让人类很舒适。"实际上，它是整个太阳系中与地球最类似的环境。" 德莱思说， "虽然困难很多，但金星上空的飘浮城市或许是太阳系中，地球以外最适宜居住的地方。"

在其他星系中或许有更接近地球的行星存在，但我们还没有到达那里的技术手段。乘坐火箭去离我们最近的半人马座阿尔法星需要8万年的时间。利用电磁驱动或核动力可以将旅行时间缩短到1000年，但这些技术目前仍处在实验阶段。一种利用微型计算机芯片的光帆技术可以让旅行时间缩到20年，但无法携带旅客。

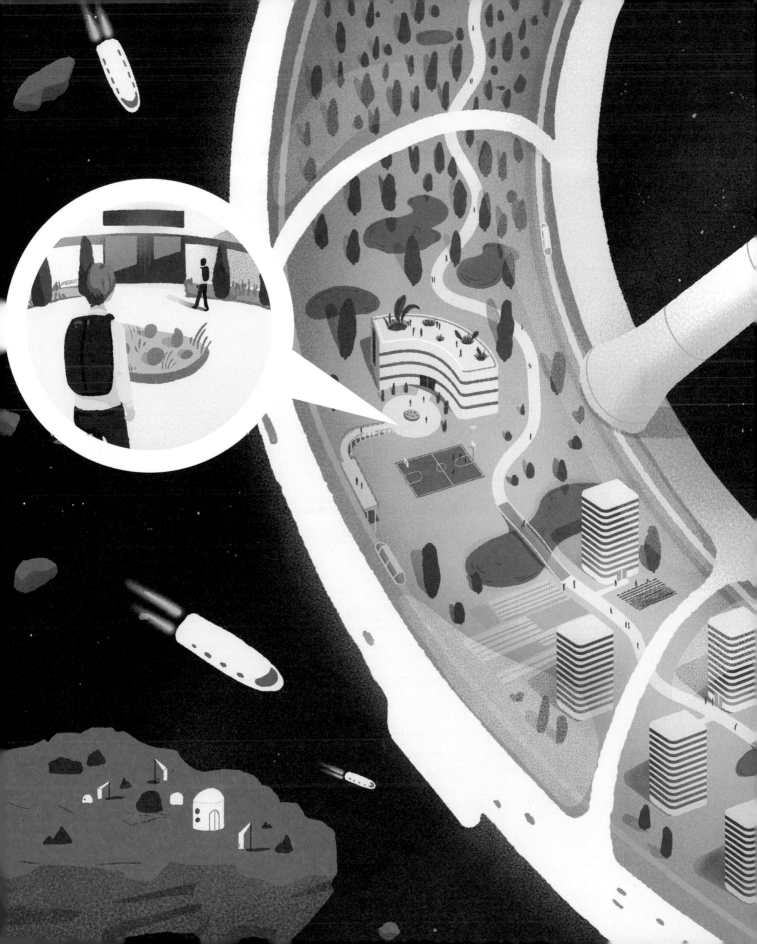

# 地球之外

**如果留在地球上，人类将无法生存到遥远的未来**

虽然我们探讨了人类如何在太空或其他星球生存的问题，但这是必需的吗？太空旅行是危险的。一旦出问题，即使是很小的问题，在飞船上或太空定居点的人都会丧生。出于不同原因，有些人还是愿意承担这一风险，因为这些原因很重要。许多专家指出，如果留在地球上，人类将无法生存到遥远的未来。"我们的生活不应仅局限在地球上。"霍什尼维斯认为。要是巨大的灾难毁灭地球上的生命，其他世界可以延续我们的文明，例如，火星上的定居点可能不会受到地球上疫情的影响，"我认为有必要尽快在火星上建立一个自给自足的城市。"马斯克说。他认为这是全人类的生命保险。

太空的未来不仅仅是为了避免灾难。祖布林认为，更多的人类家园意味着更多的创新机会。人们可以学习新的生活方式。"如果我们去火星时没有垃圾会怎样呢？"麻省理工学院媒体实验室太空研究小组负责人丹妮尔·伍德问道。火星上的资源如此稀缺，居住在那里的人们将不得不找到创造性的方法来重新利用他们的垃圾。例如，残留的塑料可能会成为3D打印机的材料。这些创新将有助于解决地球上的废物问题。

当我们将文明扩展到太空时，必须避免重复人类过去的错误。一些世界领导人将太空作为提高权力和声望的途径。一些公司希望开采卫星或小行星。15到19世纪期间，曾经殖民过众多地区的探险家们也有类似的目标。可悲的是，为了实现这些目标，他们杀害了土著居民，破坏了生态系统。众所周知，月球或火星上没有生命。但这是否可以让一个人或一个团队决定建立一个基地或开始仿地成形呢？全人类都应该对如何探索太空有发言权。例如，一些文明认为月球是神圣的地方，不应该被改变。他们的声音很重要。那些想研究其他行星、想要冒险的探险家和想要保存其他世界之美的艺术家的声音也同样重要。你的声音也很重要。所以，要仔细想想你希望我们在太空的未来是什么样子。

此外，需要清楚的是，迁移到另一个星球并不能解决我们在地球上面临的许多问题。就短期而言，解决人类在地球上面临的问题更重要。比如，要是我们发明了改变火星气候的技术，我们更应该先把它用在解决地球的气候问题上。"地球是我们的家，也是我们最好的基地。"芝加哥阿德勒天文馆的天文学家露西安娜·沃尔科维奇这样认为。我们知道地球是一个非常适合居住的地方。如果我们无法保护好它，又如何指望把外星世界改造成永久的新家园呢？

无论我们住在哪里，都需要弄清楚如何以友善和尊重的态度来关心我们的环境和人类同胞。沃尔科维奇指出，我们在太空的未来不仅仅是建造什么样的栖息地，或者是需要什么类型的宇宙飞船。"我们想怎样生活在一起？我们怎样才能让每个人都有所成就呢？"这些问题很重要。无论是留在地球上，还是前往遥远的银河系或更远的地方，我们都需要回答这些问题。

**地球是我们的家，也是我们最好的基地**

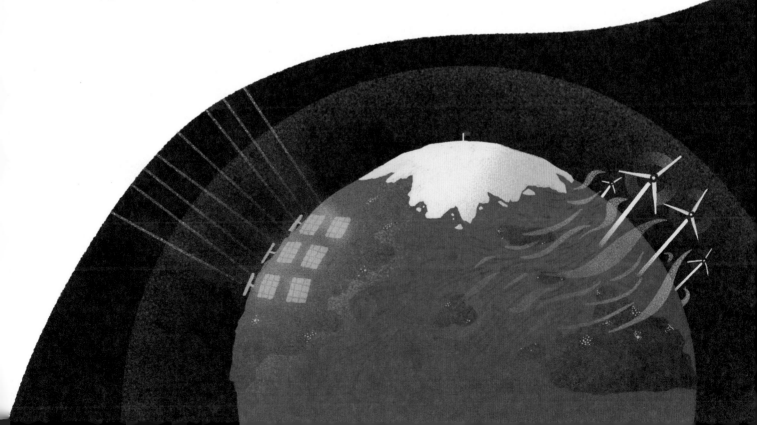

# 4. 清洁能源

**你从学校回到家，打开电灯和音乐开关，电流便传递到了灯泡和音响里。它来自一个发电厂，那里有一个非常特别的东西——一颗被困的星星。**

它的发光方式与太阳或夜空中的其他星星一样，但可以放在一个房间里。工程师们想出了如何在地球上创造这颗小星星并利用它的能量的办法。世界上所有城市都建造了自己的小星星，可以提供全世界人们所需的能源，无论现在还是遥远的未来。

这种丰富的能源让化石燃料成为遥远的记忆。人们不再需要通过燃烧石油、天然气和煤炭来发电。汽车和其他交通工具也不再依赖汽油，而是变成了电驱动。家庭和办公场所会使用电来取暖。这些被困的星星没有污染，也不会产生对环境有害的气体，这让地球的气候变得稳定。你不用担心气候变化导致的海平面上升、肆虐的山火、山洪暴发、干旱或饥荒问题。烟霾也不再光临地球最繁忙的城市。这些被困的星星提供了廉价、清洁、安全、用之不竭的能源。这是怎么实现的呢？答案就是核聚变能源。

## 太阳为何闪亮？

当两个原子相互撞击并融合成一个大原子时，核聚变就发生了。这个过程会释放大量的能量。原子并不喜欢聚变形式，所以它们相互间靠得越近，排斥得就越厉害。把它们结合在一起需要极高的温度和压力。太阳和其他恒星内部的高温度和高密度为核聚变提供了理想的条件。在这里，原子聚变创造了构成宇宙的所有元素，

产生的能量使恒星发光。太阳和所有恒星都是巨大的核聚变电站。

目前地球上的核电站使用核裂变的方式，这是一种将原子分裂的核反应，就是一个变多个。裂变和聚变反应都会从极少量的燃料中释放出巨大的能量。更重要的是，这些反应不会释放任何加剧气候变化的气体。

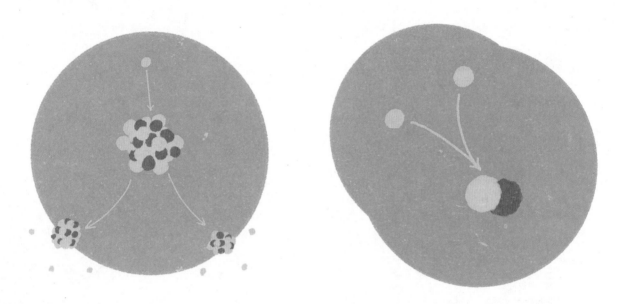

**核聚变不会产生危险的核废料**　　不幸的是，裂变工厂的废料具有危险的放射性。在裂变工厂或废物处理场发生的事故或灾难可能会将危险物质释放到环境中。但是核聚变既安全又不会产生危险的废料。核聚变电站的燃料来自海水。正如弗吉尼亚州威廉玛丽学院的物理学家萨斯基亚·莫迪克所言："谁不想生活在一个以核聚变为动力的世界里？"

## 驯服星星

虽然我们还没有核聚变发电厂，但已经知道如何在地球上制造星星。1932年，科学家们首次在实验室实现了原子聚变。2008年，年仅14岁的泰勒·威尔森制造了一台名为聚变机的设备，成为实现核聚变的最年轻的个人。机器装在圆柱形玻璃瓶里，当原子发生聚变时，紫色的圆球会闪闪发光，看起来很酷。

**我们已经知道如何在地球上制造星星**　　能制造星星真是太美妙了，但闪烁的星星却要消耗很多能量。现在，我们制造星星耗费的能量比它产生的能量还多，这让星星电厂显得毫无用处。我们确实已经掌握了如何制造能量产出大于消耗的核聚变设施，例如最具杀伤力的武器——氢弹。氢弹爆炸产生裂变，而裂变又引发聚变，这一过程会释放大量的能量。然而，氢弹会摧毁方圆数十公里范围内的一切物体，并对环境产生放射性毒害，这显然不是我们想要的。

　　现在，摆在核聚变科学家们面前的难题不是如何制造星星，而是如何驯服它。我们不但要确保被困的星星闪烁，还要产生有用而安全的能源。

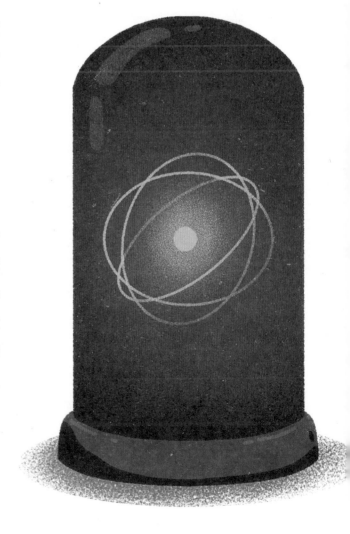

## 温度和密度

　　为了使原子聚合在一起，必须增加外力，提高温度。原子的温度越高，彼此相聚的时间越长，就越容易产生聚变反应。如果聚变反应足够多，它所产生的能量又会引发更多的聚变。这就是点火过程，类似于把篝火点燃。一旦点火引燃，不断补充燃料后火就会持续燃烧。

那么，燃料是什么呢？它就是宇宙最轻、最简单且最丰富的元素——氢。工程师们可以很容易地从水中获取裂变所需的这种原料。找到原料后就需要加热。大多数工程师所期待的聚合反应需要达到1.3亿摄氏度才能持续进行，这比太阳内部的温度还高10倍。天哪！这样高的温度让物质处于等离子状态。这是我们在学校学到的物质三种状态——固态、液态和气态——以外的状态。由于高温等离子体有很强的扩散作用，而内部相互碰撞的原子间又有聚合作用，所以需要把它们困在某个容器里面。那该怎么办呢？这样的高温物质会使玻璃、金属或任何其他容器汽化。然而，科学家们并没有被这些困难吓倒。他们想出了几种富有想象力的方法来驯服星星。

**这样的高温物质会让玻璃或钢铁汽化**

## 从强激光到隐形力场

托卡马克

许多研究人员正在研究一种叫作磁约束聚变的方法。这种方法使用强大的磁铁来控制和遏制等离子体。等离子体中含有带电粒子，磁铁能够在其周围产生无形的磁场，从而改变粒子的运动方式。这意味着，如果你能把磁场扭曲成恰到好处的形状，就可以诱使等离子体绕来绕去，而不是飞散开来。磁场形成一个看不见的力场或笼子。圆环形的磁笼称为托卡马克。另一种装置叫作恒星仪，有着扭曲而复杂的形状。不过，两个笼子都不完美。等离子体越热，它越想逃逸。逃逸的等离子体越多就意味着聚变反应越少。一个典型的实验只能持续几秒钟到几分钟，还没有人能够获得足够高的热量、密度和时间组合，以达到点火的目的。但专家却认为这些很快就会实现。"我知道我们能做到。"莫迪克说。

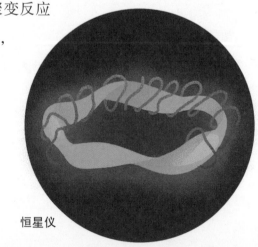

恒星仪

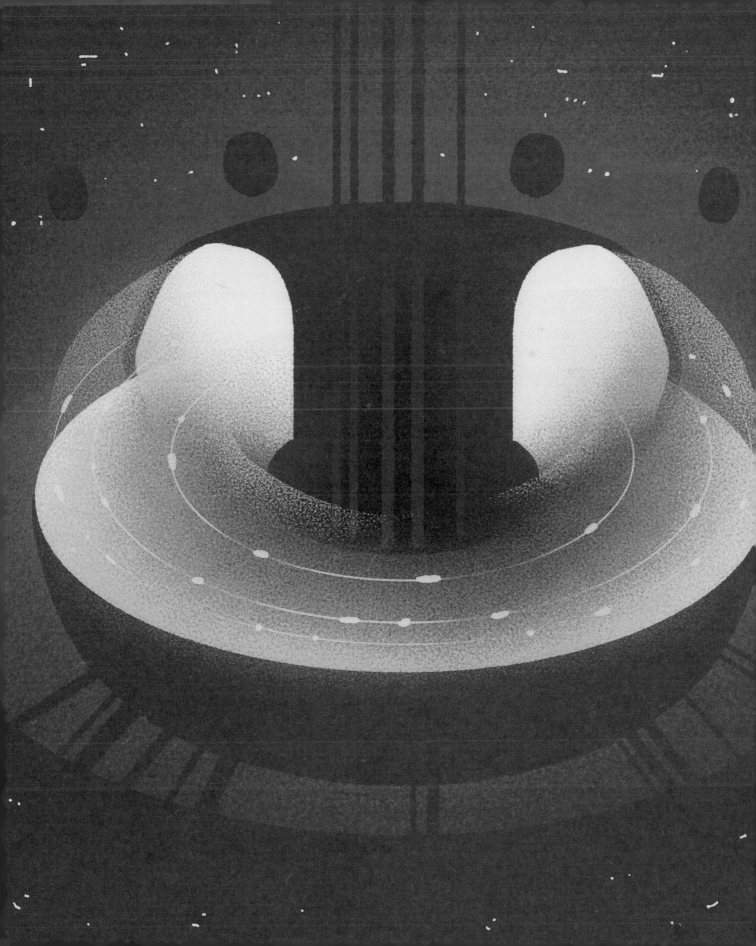

加利福尼亚州劳伦斯利弗莫尔国家实验室的物理学家塔米·玛主要研究激光聚变。她在国家点火装置中心（NIF）点燃了世界上最大的激光器。这是一座巨大的建筑，可以容纳三个足球场。在核聚变实验中，192束激光从各个方向射向一个米粒大小的靶丸。靶丸中含有聚变燃料。激光引炸

**我们实际在制造星星**

了靶丸的外层，迫使中间层内爆。玛说，每次发射激光时，"这个中心都会成为太阳系最热的地方。"理想的情况是，内爆燃料的温度和密度可以达到足以发射激光的程度。这一理想还没有实现，但世界各地的团队正在慢慢接近这一目标。玛相信，10年内，他们会把一切都做好，并实现点火。她说："这将是一场盛大的庆典，有点像登月。"

法国一个名为ITER的超大型新托卡马克装置可能会为未来的聚变能源指明方向。35个国家正在共同努力建造这台巨型机器。根据模拟，这台机器所产生的能量应该是它所消耗的10倍。与此同时，世界各地的其他团队认为他们可以在更小的机器上解决这个问题，其中的一些还结合了激光聚变和磁聚变的元素。

# 解决气候变化问题

核聚变科学家和工程师几乎都能找到制造能源的方法，但他们需要花费时间和金钱来测试各种不同的设想。美国核聚变专家计划在2040年前后建造第一座投入运行的核聚变电站。

**冰川在融化，海平面在升高**　虽然核聚变即将到来，但这还不足以解决气候变化问题。气候变化已经在发生。冰川正在融化，海平面也在上升。火灾和飓风等自然灾害比过去更为常见，破坏性也更大。联合国政府间气候变化专门委员会（IPCC）敦促世界做出迅速而深远的改变。令人庆幸的是，年轻人对我们所面临的危机的认识正在逐步提高。

气候变化的原因是空气中的二氧化碳和其他温室气体阻挡了阳光的反射，使地球变暖。为什么这些气体的量在增加呢？最大的罪魁祸首是人类对化石燃料的使用。石油、天然气和其他化石燃料的燃烧都会产生温室气体。阻止它们不断产生的

**我们现在必须
找到替代能源**

最直接的方法就是停止使用化石燃料。不过，我们无法让机器停止运行，所以必须转向其他能源。联合国政府间气候变化专门委员会说，到2050年我们必须实现零排放。这意味着我们需要清除尽可能多的二氧化碳。为了实现这一目标，我们不能等上5年、10年甚至20年的时间，现在就必须找到替代能源。"这是一场与时间的比赛。" 新泽西普林斯顿等离子体物理实验室的阿图罗·多明格斯说。

我们已经有很多选择，可以用电池驱动的引擎替换汽油驱动的引擎，也可以用太阳能电池板从阳光中获得电能，或是利用涡轮机进行风力发电。我们可以利用水电大坝来控制快速流动的水，进行水力发电，也可以利用地球深处的地热发电。

利用这些可再生能源发电几乎不会释放有害气体，但是也有缺点。例如，太阳能电池板和电池由稀有金属制成，既污染环境，又可能会耗尽。此外，太阳不是一直照耀，风也不是一直刮，但是人们总是需要用电。我们需要更好的电池来储存这些电能，需要更智能的电网来处理不同来源的电能。同样，并非所有地方都能轻易获得水能或地热能，但各地的人们都需要电力。

**核裂变发电厂
可以随时随地
发电**

核裂变发电厂可以随时随地发电。我们已经谈过这项技术的一些危险。幸好，工程师们正在努力建造比过去更安全的新型核裂变发电厂。新工厂可以将废料作为燃料再次使用，这样即使遇到灾难，产生的危害也很小。

# 人人享有的能源

让全世界都使用新能源并不是一件容易的事，各国政府和人民需要在新的交通工具、供热系统和发电厂等方面进行投资。这些变革不但费用昂贵，也耗费时间。没有任何一种替代能源可以提供完美的解决方案。虽然核聚变很完美，但也可能存在人们还无法知晓的缺点。

我们必须确保全世界都能获得能源。如今，世界上最富有的国家占用最多的能源。这些国家的碳排放造成了气候变化，并继续使其恶化。他们还拥有抵御恶劣天气和其他灾难的资源。发展中国家和贫穷地区并没有造成气候变化。许多贫困地区的家庭晚上不能点灯，看不了电视，也用不了手机或电脑。现在，他们面临着气候变化的毁灭性影响，却没有足够的资源来帮助自己。

**我们必须确保全世界都能获得能源**

46

虽然新能源技术仍在开发中，但贫困地区可能需要化石燃料才能生存和繁荣。富人和富裕国家应该承担责任，改变他们的能源使用习惯。他们还应该"帮助穷困国家处理他们继承的烂摊子。"肯尼亚内罗毕马瓦佐研究所的联合创始人、能源促进增长中心的研究主任罗斯·穆蒂索说。

**整个世界都必须团结起来，为改变而努力**

穆蒂索乐观地认为，新技术可以解决世界能源问题。理想的能源技术甚至是无人能想象的。她说："我们需要很多奇迹，人类历史上也充满了面对困难挑战时的创造力。"不过，仅仅发明一种新能源技术不会改变未来。她说，整个世界都必须团结起来，为改变而努力。总统、立法者、社区领袖、CEO甚至普通人都必须合作。只有这样，我们才能走向这样的未来：每个家庭都有他们所需要的能源和一个健康安全的、可以称为家的星球。

# 5. 万能食品

**你饥肠辘辘地走进厨房。一台冰箱大小的机器不停地闪烁着屏幕。你点击一下食物图标，选择了汉堡包和面包卷。**

机器嗡嗡地工作了一会儿，一个热气腾腾的汉堡包和新鲜的面包卷便出现在了盘子里。你还点击图标添加了番茄酱和酸黄瓜。吃完后，你点击果汁的按键，机器咯吱作响后弹出一个杯子。新榨出的橙汁很快装满了杯子。

不过，机器里的原料并不是汉堡包或是橙子，而是空气、水、泥土、沙子和其他便宜又容易找到的材料。机器把所有的物质分解成分子和原子，然后按照一张蓝图重新组合，做成各种食物、饮品、材料和物体。

**机器把所有的物质分解成分子和原子**

**这样的机器遍布人类生活的星球**

一台机器甚至可以进行自我复制。这样的机器遍布人类生活的星球，已经改变了整个世界。由于没有需求，工厂、农场、超市和购物街已经不复存在。道路、海洋和天空也变得更安静，因为已经不用再向世界各地运送各种各样的物品。这些机器所需的原料是取之不尽、用之不竭的。大家可以毫不费力地获得住房、食品、衣服、工具、药物和任何需要的东西。

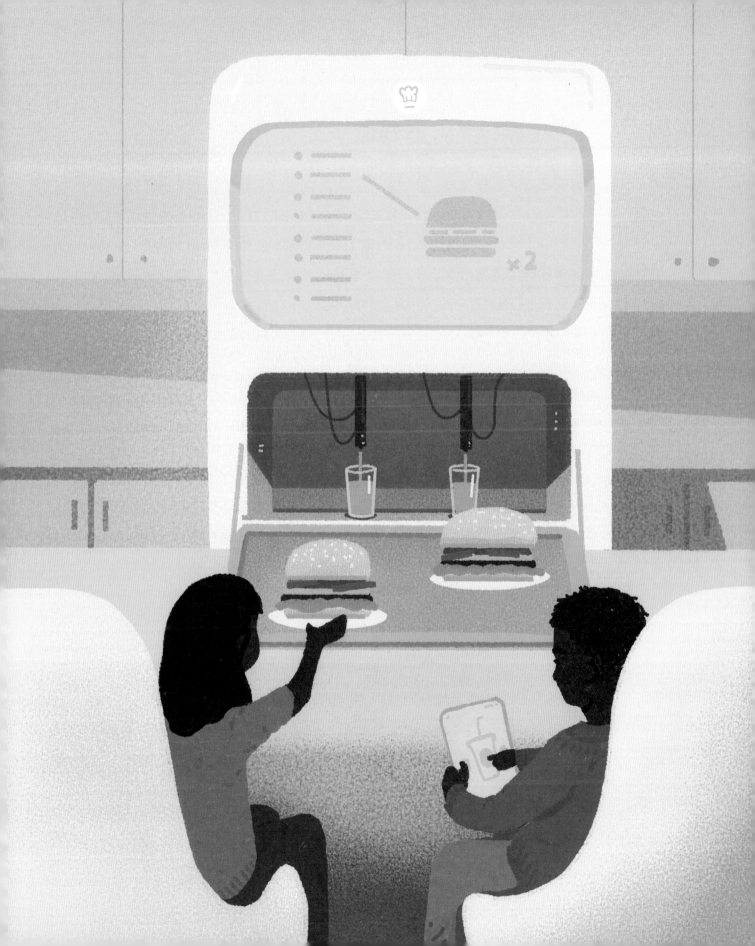

# 移动原子

这么神奇的机器真的存在吗？这就是我们刚刚设想的对原子和分子进行排列组合的技术。在整个科学领域，纳米技术主要研究如何在非常小的尺度上操纵世界。研究人员可以使用一种叫作扫描隧道显微镜的仪器来探测甚至移动单个原子。它的发明者在1986年获得了诺贝尔奖。唯一的问题是，显微镜是巨大的，但一次只能移动一个原子。要知道，至少一万亿个原子才能制造出一个盐粒大小的物质，这个过程又慢又乏味，所以没有办法处理大型物体。

可以用肉眼都无法看见的微型机器对原子和分子进行排列吗？一些著名物理学家和工程师曾经考虑过这样的问题。不过，还没有人知道如何制造一台这样的机器。微观世界运转的规则有很大不同。西蒙斯·舒勒认为，对于一条纳米尺寸的鱼来说，一滴水就像蜂蜜一样浓稠。而纳米尺寸的物体也具有蜂蜜的黏性。要是一台纳米机器抓起一件工具释放的话，工具是不会下落的，只会卡在那里。因此，你不能简单地认为只是把一台大型设备缩小尺寸，你需要设计一个适合不一样的纳米世界的机器程序。舒勒在瑞士苏黎世理工学院研发纳米医疗技术。她设计了能直接把药物送达癌细胞的纳米机器人，但她认为，纳米设备能够制造任何物体的想法只是"未来的幻想"。

**每种生物都来自单个细胞**

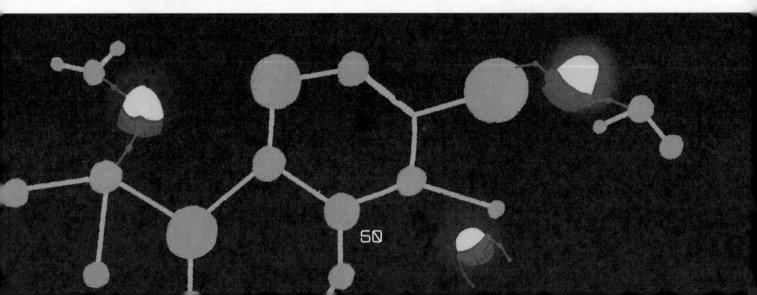

细胞、细菌、真菌和其他非常微小的生物已经自由地存在于纳米世界里。它们四处移动，有规律地形成用来攻击、防御和成长的分子链。每种生物都是从单细胞开始的，连蓝鲸和巨大的橡树都不例外。能借助单个细胞构建整个物体的机器或微型机器人可能永远也无法产生。不过，用细胞或微生物来构建我们需要的东西则是另一回事。合成生物学领域的研究人员已经设计出能够生产药物、燃料、化学品和其他许多人们需要的东西的微生物。

**要是需要一张桌子，那么就种一张**

例如，研究人员发现了一种只种植棉花蓬松部分的方法，这是许多织物的主要成分。其他研究人员已经培育出以阳光和二氧化碳为食的藻类，同时产生的气体可以用作燃料。细胞或微生物通常生长在称为生物反应器的不锈钢桶内。只要大桶能提供一个舒适的环境和充足的食物，那么里面的微环境就像一个真实的工厂，可以生产出有用的东西，创造出无限可能。"如果你想要一张桌子，那么就种一张桌子。"麻省理工学院工程师路易斯说，"有朝一日，你可以诱使植物细胞生长成你想要的任何形状，而不是砍倒树木，把它们锯成木板，然后把这些木板固定在一起。"

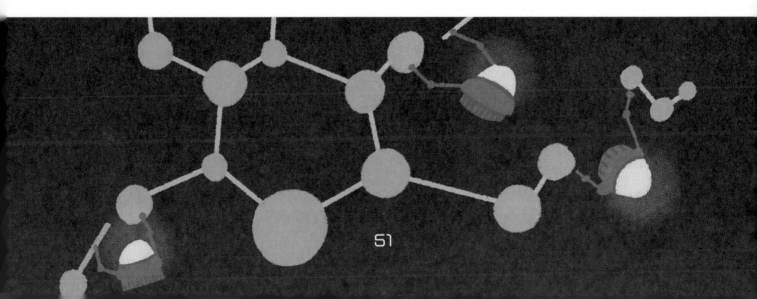

# 伪装的植物

　　合成生物学也能帮助我们重新思考如何生产肉类。在大多数超市，你都能买到一种"神奇汉堡"。这种汉堡完全由植物制成，味道却很像真正的肉。这是如何做到的？我们知道，所有食物都是水、蛋白质、脂肪和碳水化合物的混合物。如果确切了解了肉的构成，你就可以在植物中找到同样的成分。然后你就能复制肉的质地、味道、气味，甚至烹调后的色泽变化。

　　肉类的主要成分是蛋白质。神奇汉堡使用从大豆和土豆中提取的粉末蛋白质。食品科学家使用管形挤压机对粉末蛋白质进行加热、挤压和蒸制，让它产生肉的质地。接下来是切碎和干燥。"你最后吃到的东西很像面包屑或馅料。"M. J. 金尼解释说。她是一名食品科学家，也是Fare Science公司的创始人。Fare Science是一家开发植物肉类的公司。肉类含有脂肪，而植物中的脂肪叫作"油"。神奇汉堡中使用了椰子油和葵花籽油。

到目前为止，一切进展顺利。只是植物蛋白和植物油的味道不如肉的味道好。肉类的味道主要来自血液中的一种分子。这是一种富含铁的血红蛋白分子，能够为血液运输氧气，使血液呈现红色。血红蛋白分子的一个特定成分，含有大部分铁和大部分肉味。大豆的根里也含有少量血红素。于是，研究人员利用大豆基因培育血红素，然后把它植入酵母菌DNA（这叫基因工程，详见第7章）。这种酵母菌在生物反应器中快乐生长，产生大量的血红素。食品科学家把干燥的植物蛋白、植物油、血红素和水混合在一起，同时，添加一种黏合剂把它们结合在一起，做成肉饼、汉堡，就可以食用了。一些公司还找到了模拟其他肉类的配方。你可以吃到用植物制成的鸡块、香肠，甚至金枪鱼。

# 魔法棒

在合成生物学的帮助下，我们可以把植物变成味道很像真肉的东西。我们可以用植物细胞种出桌子甚至家里所有的东西，或者用微生物制造燃料和药物。这些技术很酷，但种植与制造并不相同。本章开头的未来制造机器更像是童话故事中的魔杖。许下需要一件长裙和玻璃鞋的愿望，"嗖"的一声，你就为舞会做好了准备。

**带有机械臂的大型3D打印机可以制作桥梁、房屋和建筑**

3D打印机就有点像那根魔杖。将来，如果需要玻璃鞋（或普通鞋），你或许不必去商店或在线订购。你可以扫描自己的脚，选择喜欢的颜色和图案，然后打印出一双新鞋。这双鞋会非常合适的。不过，如今的3D打印机还无法凭空创造出一些东西，只能将材料重塑成新的形状。最常见的形式是通过喷嘴将熔化的塑料从下到上一层一层地喷射到一个物体的表面，等塑料冷却后变硬，新的物体就形成了。食品印刷工能将饼干面团、巧克力或糖霜挤压成让人意想不到的形状。其他3D打印机使用激光将金属粉粘在一起，或在液体罐内形成固态物体。带有机械臂的大型3D打印机可以用混凝土材料制作桥梁、房屋和建筑。

在不久的将来，拥有3D打印机就像拥有微波炉一样常见。人们可以用它们来打印日常用品，如牙刷、耳机或衣服。或者买一盒面粉、糖、蛋白质、油等，然后用这些来打印食物。

在遥远的将来，我们甚至可能有变形材料。工程师们可以制造出小块物质，也称为体积元素，然后根据需要改变形状，有点像乐高积木。从睡梦中醒来后，你可以把床变成椅子和桌子。你可以穿件T恤衫，等外出时，它会变成一件厚毛衣。你甚至可以随身携带一个小物体，随时把它变成勺子、锤子、剪刀或任何你需要的工具。

# 打印的肉和昆虫汉堡

未来的人们还可以打印新的人体器官。生物打印机已经能够将活细胞转化为皮肤和其他组织的碎片（见第6章），这也让打印肉类成为可能。为了获得足够的细胞用来打印汉堡包，未来的肉类工厂可能会在生物反应器中直接种植这些细胞。2013年，荷兰马斯特里赫特大学的研究人员向包括汉尼·鲁茨勒在内的一些食品评论家提供了世界上第一个基于细胞的汉堡包。"它接近肉类，但没有那么多汁。" 鲁茨勒说。不过，第一个细胞肉汉堡包的主要问题是制作成本高达23.4万英镑！后来，虽然成本下降了很多，但费用仍然是主要问题。

为什么我们需要改变吃肉的方式？因为饲养家畜获取肉食比种植同样数量的水果和蔬菜耗费更多的土地和水。家畜对气候变化的影响仅次于化石燃料。另外，农民给它们喂食了大量的抗生素，这让一些致病微生物产生了抗药性。最后，为了吃肉而宰杀动物并非善举。而用植物来制作肉类或在生物反应器中培育细胞肉则有助于解决这些问题。不过，肉类加工厂仍要耗电和产生污染。吃昆虫汉堡或许是一个更好的办法。蟋蟀、粉虱、蚂蚁和其他爬行动物都富含蛋白质和其他营养成分。世

界各地都有食用昆虫的文化，农民也知道如何用很少的土地和资源繁殖大量昆虫。还没有吃过昆虫的人也许要克服"讨厌"的情绪，对这种食物习以为常。

# 创造的力量

一台可以制造任何东西的机器听起来很神奇。不过，并不是所有造出来的东西都是有用或安全的。人们已经知道如何用3D打印机制造枪支。如果有人用原本只用于制作机器零件的有毒塑料打印盘子和杯子，该怎么办？使用者会生病。如果一个十几岁的孩子设计并打印了一个会断裂的滑板或者一个会着火的机器人呢？3D打印机可以轻松地将坏主意和好主意带入生活。

从积极的方面来看，3D打印可以帮助解决一些棘手的问题。目前，一个庞大的由飞机、火车、轮船和卡车组成的交通网络往世界各地运送材料、零件和产品。所有这些交通工具都在产生温室气体和制造污染。3D打印机的优势在于只在有需要的时间和地点使用。然而，工厂的生产线生产一件产品的耗电量要比3D打印机少得多。大多数3D打印机使用的塑料不容易回收。如果家用3D打印机更加便宜和流行，我们可能会打印出大量我们并不真正需要的东西。现在，世界上最不需要的是制造塑料垃圾的新方法。塑料垃圾充塞了世界各地的垃圾填埋场和海洋。微小的塑料碎片已经进入我们的食物系统和身体，以我们尚未完全了解的方式损害着我们的健康。

**我们的改造需要尊重地球** 为了让3D打印真正帮助解决环境问题，我们必须开发能耗更低的机器。我们必须使用可回收或可重复使用的材料。华盛顿大学西雅图分校的机械工程师马克·甘特说："我们需要找到不同的材料，利用废品、食品副产品、回收玻璃、沙子甚至灰土来打印。"未来的技术将允许我们以惊人的方式重塑周围的世界。需要注意的是，我们的改造需要尊重地球。希望它能帮忙清理我们已经造成的混乱。

# 6. 长生不老

**你吹灭了生日蛋糕上的大蜡烛。你的家人和朋友都鼓掌欢呼起来："祝你300岁生日快乐！"**

接着，大家都聚拢过来，接过你分发的一块块蛋糕。大口吃着蛋糕的很多人和你年龄相当，甚至比你还年长。不过，大家看起来都像是二三十岁的样子。生日派对结束几天后，你预约了自己的医生，定期注射特制的血清。这种疗法可以为你身体的修复和不断重建提供所需的工具，是你永葆青春的秘诀。你可能有300多岁了，但你身体的每个细胞都非常年轻。

血清能让你保持青春活力，却不是万能的。要是你遭遇了事故，身体的部分器官无法修复怎么办呢？没有问题！每家医院都有培植替换器官和肢体的实验室。当你的器官受到损害后，可以用新的来替换。只有最严重的事故和极罕见的疾病才会导致死亡。其他所有的疾病都有治疗方法。你可以长生不老了！

**当你的器官损坏后，可以用新的来替换**

## 备用肢体

你能活到300岁或更长吗？"科技的进步有机会让这变成现实。"佛蒙特大学的丹尼尔·韦斯医生认为。在有记载的历史里，还没有人能活到122岁。不过，普通人的寿命一直在稳步提高，平均寿命从19世纪的32岁到现在的72岁。在许多国家，一个人庆祝100岁生日已经不像以前那么稀罕了。

为了使人的寿命更长，医生们不得不修复或替换损坏的器官。这就是再生医疗。你认识的人里，有人使用金属或塑料制成的髋关节或膝关节吗？这些身体部位很容易修理或更换。机械系统也可以代替某些器官。比如，心脏病患者可以安装机械瓣膜，必要时甚至可以完全使用机械心脏。一个名叫巴尼·克拉克的人1982年接受了第一颗人造心脏的移植。手术醒来后，他对自己的妻子说："虽然没有了自己的心脏，但我依然爱你。"

目前，大多数的器官还都无法用机械器官替代。外科医生们使用活体捐赠者或刚去世的人的健康器官来代替受损或病变的器官。不幸的是，需要器官的人数远远超出可用器官的数量。

科学家们希望改变这种状况。研究人员也在探索全新器官制作和培养的途径。但如何实现呢？大多数人都采用了这些有趣的方法：如3D打印器官、用活细胞填充死亡组织，或是改造动物器官为人所用。

# 猪能拯救我们吗？

**研究人员的目标是在宿主动物体内培养人体器官**

猪的器官恰巧和人的尺寸差不多。另外，它们的繁殖速度很快，有大量的幼仔。我们能获取猪的器官，直接移植到人的身上吗？不行，因为人体会把新器官视为外来入侵者而摧毁。科学家正在研究如何伪装动物器官，好让新的身体接受它。在2018年的一项研究中，两只移植了猪心的狒狒存活了6个月。其他研究人员的目标是在宿主动物体内培养人体器官。这种结果被称为嵌合体——一种包含多个物种器官的生物。同年，另外一组研究人员还把人的胚胎细胞移植入猪胚胎，进行了为期几周的培养。到目前为止，还没有产生人和猪的嵌合体。

如果你认为用猪来培植人体器官很恐怖的话，你肯定不是唯一有此想法的人。虽然很多人觉得为了食物或医疗目的杀死动物可以接受，但杀人是违法的。那你怎么界定人类和"半人类"动物之间的界线呢？你也许会觉得以任何理由屠杀动物都是错误的。许多人都希望用更好、更人性的方式来获取新的人体器官。

**你会觉得以任何理由屠杀动物都是错误的**

# 按数字填色

幸好我们还有其他选择。有朝一日，科学家们或许可以用患者自身的细胞培养出完整的器官来。维斯实验室一直在进行体外培养肺器官的研究。这项工作从并非健康或功能正常的人肺或猪肺开始。接下来，研究人员会冲洗掉上面老化的细胞。这就是去细胞化过程：去掉除细胞结构以外的其他部分。这时的肺虽然看起来苍白无血色，但大小和形状和以前一样。

下面的步骤是工作的难点。肺部包含40多种不同类型的细胞。一些细胞组成了肌肉，而另一些则构成了气道和血管。就像按数字填充一种特别困难的颜色一样，研究人员必须让每种细胞生长，并只把它填充到支架的相应部分。这是一项艰巨的任务。目前，维斯正在研究一块拇指大小的肺部组织，他们已经看到组织开始发挥作用，就像真正的肺一样。不过，维斯预测，要让实验室培植的人工肺达到能移植的水平，至少还要五年的时间。

**研究人员已经可以3D打印出人体皮肤碎片或骨骼**

还有些科研人员希望用3D生物打印机或其他生产工具来制造人体器官或部位。研究人员已经可以打印出人体皮肤碎片或骨骼。他们还可以制造中空的身体部位，如血管、气管或膀胱。安东尼·阿塔拉博士是威克森林再生医学研究所的外科医生，20年来一直在为病人移植组织工程膀胱和气管，是用病人自己的细胞来培养的新器官。他的一位儿童患者在2001年接受了新膀胱手术，从此过上了健康的生活。

制作皮肤或膀胱是一回事，而制作一个完整的能正常工作的肺、心脏、肝脏、肾脏或胰腺就是另一回事了。卡内基梅隆大学的生物工程师亚当·范伯格说："我们离制造器官还有很长的路要走，但我们会成功的。"

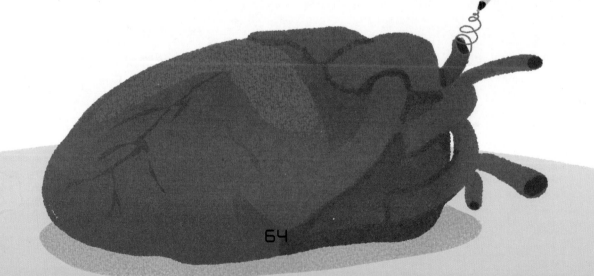

打印整个器官的最大难题之一是保持组织中所有细胞的存活。活组织包含血管网和其他通道，其中许多比一根头发还细得多。就像小路一样，这些通道给细胞带来了生存所需的营养物质，同时把细胞排泄的废物带走。

研究人员正试图重建这种复杂的通道系统。2021年，美国航空航天局（NASA）发起了一项竞赛，挑战团队需要创造一个至少1cm厚、能存活30天的器官组织。获胜的团队将得到30万美元奖金。赖斯大学的生物工程师乔丹·米勒团队获胜了，他们打印出一个类似于肺泡的东西，里面有血管和气道。唯一的问题是，它比一个真正的肺泡大10倍，需要5个小时才能打印出来。要知道，一个人的肺部大约有6亿个这样的肺泡。工程师们不得不寻找更快捷、更便宜的打印器官组织的方法。米勒认为，就目前而言，有器官捐献者仍然很重要。

无论医生以何种方式获得替代器官，他们最终要把它移植到病人体内。这也就意味着要把人体剖开。此外，还有一个器官你一定不想换掉——你的大脑。它包含着你的记忆、你学到的一切，某种程度上，这一切才让你成为了你。也许有一天，你的记忆和性格可以复制到另一个大脑，但经过这样的过程，你还会认为那是你吗？没人知道。此外，正如我们从第2章所了解的，收集和转换整个大脑的信息几乎是不可能的，短期内也不太可能发生。

**还有一个器官你一定不想换掉——你的大脑**

## 青春的源泉

要是医生们不需要移植器官会怎样呢？就像蜥蜴重新长出尾巴一样，要是人的身体可以进行器官修复，甚至长出健康的新器官会怎样呢？事实上，你的身体里已经包含了一定数量的特殊细胞——干细胞。它们的作用就像工厂一样，能生产老旧或受损细胞的替代品，但无法应对重大损伤。

把富余的干细胞添加到有问题的部位有点像飓风后派遣救援队协助清理环境一样。当地的工人或许会被巨大的灾难压垮，但如果有增援，他们重建起来会更容易。额外的干细胞能修复虚弱的心脏，提高心脏的存活率，甚至增加健康脑细胞的数量，预防痴呆症。科学家们希望，有一天，干细胞疗法能够治愈心脏病、老年痴呆症、癌症、秃顶和其他许多疾病。梅奥诊所的内科医生萨拉尼亚·怀尔斯博士说："医生和科学家们正在努力让它安全可行。"其他科研人员正在研究纳米技术和工程微生物，希望未来它们可以在人体内游动并进行修复。然而，这些治疗方法还没有准备好。

现在，许多人迫切需要治疗疾病。可悲的是，一些骗子利用大家的心理，提供实际上不起作用的治疗方法。许多所谓的干细胞疗法没有任何研究支持，可能会造成伤害。同样，互联网上充斥着治疗衰老和其他多种疾病的"奇迹"疗法。对任何看起来好得令人难以置信的产品或治疗都要非常小心。

替换或修复身体器官或许可以让一个人多活几百年，但他真的能永葆青春吗？科学家们毫无疑问会找到延缓衰老或减少损伤的方法。不过，他们似乎不太可能彻底阻止衰老。遗传学家、衰老问题专家罗宾·霍利迪认为，衰老是无法逆转的。他的理由是，随着时间的推移，有太多的事情会出错。我们永远无法解决所有的问题。

**科学家们毫无疑问会找到延缓衰老或减少损伤的方法**

许多导致衰老的过程都直接与身体的机能有关系，其中之一就是饮食。食物转化为能量释放的分子会损坏人体细胞。不过，即使医生们有办法阻止这种损坏的发生，其他的老化过程也最终会让身体衰老。

# 长生不老的风险

长生不老真的是个好主意吗？如果活到300岁或更长，意味着用几十年或更长时间来面对老迈衰弱的身体，你还愿意吗？要是不得不放弃独立、行动自由、精神健康和好的记忆力的话，有些人或许会重新考虑长生不老的问题。

当然，也有人会为了活得更长久而做出这样的牺牲。毕竟死亡是可怕的，所以，即使身体衰弱，也愿意活着。死亡是每种生物完成自然循环的终点。生与死、存在与虚无的对比会让生命更加宝贵，也更值得珍惜。对于那些相信灵魂会进入来世的人来说，死亡是一种过渡，是宗教信仰的重要组成部分。要是知道自己不会死，你还能体会到生命的意义吗？

**要是知道自己不会死，你还能体会到生命的意义吗**

67

从更现实的角度看，一个不朽的或老龄化的人口结构对世界不利。要是每个人都有孩子，而且都能活几个世纪，人口很快就会失去控制。这些人都吃什么？他们会住在哪里？如果所有这些长寿的人都变老了，但并未死去，那么照顾他们的费用可能会高得离谱，甚至无法承受。乔治敦大学退休生物伦理学家劳伦斯·普格雷斯说："每个人的一生中都会有一个这样的时刻：我们享受过生活，现在是让别人继续生活的时候了。"

一些思想家曾设想，让人类扩散到外太空为彼此腾出生存空间。还有些人则怀疑人类是否会停止生育。现在，抚养孩子是许多人生活中最重要、最充实的部分。我们真的会选择生活在一个没有孩子的世界吗？

人口增长只是比较明显的争论焦点。随着老一辈人的死亡和新一代人的成熟，社会往往以新的社会规范、思维方式和行为方式重生。要是政治家、艺术家、探险

家、首席执行官和其他领袖们都长生不死，文化还能发展变化吗？活成老古董的人还会继续创造、发明和发现新事物吗？永远活着可能会变得单调、重复和无聊。

我们也不知道超长的寿命对大脑和自我有多大影响。生命的无止境会让人幸福吗？或者说，会让人望而生畏，导致精神健康问题吗？我们与朋友和家人的关系能维持几百年或几千年吗？我们会让对方发疯吗？没有人知道答案。不过，医学也许会让我们在未来找到答案。

# 7. 宠物恐龙

"雷克斯！我的小家伙！"你呼唤了一声。一只恐龙蹦蹦跳跳地走过来。它个头很小，从头到尾只有几英尺长，身体倾斜着，头上长着羽毛，用鸟一样的圆眼睛盯着你。

你把一颗糖果抛到空中，雷克斯跳起来接住了，还发出了既像老鹰又像狼的叫声。玩了一会儿后，你把雷克斯放回窝里就朝动物园走去，那里有新开放的场馆。一列火车会带你参观几种活恐龙。你可以看到磷灰石龙、剑龙，甚至霸王龙。火车还经过了猛犸象和剑齿猫的区域。这些动物都曾灭绝过，但科学家把它们复活了。

最后，你来到一个新展厅。在绿色的草地中间，一只神气十足的动物正在喝水。它叫独角兽，身体像白马，额头上却长着一个弯曲的角。在小路另一侧的栖息地上，一只巨大的、如蜥蜴般的动物出现在空中，落在了树上，还收起了一对结实的翅膀。这只飞龙让你目瞪口呆，简直比想象的还要神奇。幻想终于变成了现实。

## 生物配方

在电影《侏罗纪公园》中，科学家们让恐龙复活了。他们是如何做到的呢？他们在远古的蚊子琥珀中找到了恐龙的血液。一亿多年前，一只蚊子吸了恐龙的血，它在一瞬间被一滴松树脂封住了，慢慢变成琥珀，恐龙的血被保存下来。血液中含有DNA，就像食物配方一样，DNA中包含着身体如何进行生长和修护的说明。电影中的科学家们就利用找到的配方培育出了小恐龙。不过，这样的办法在现实生活中不太可行。他们没有找到恐龙的DNA，甚至连琥珀里的蚊子也没找到。

动物或植物死亡后，它的尸体，包括DNA，就会分解。一些冷冻的、干枯的或保存下来的尸体确实把DNA痕迹保留了几千年甚至几十万年。然而恐龙最后灭绝的时间是6500万年前，DNA有可能保存那么久吗？"不可能。"加利福尼亚大学圣克鲁兹分校的分子生物学家贝斯·沙波里给出了否定回答。她应该非常清楚。她的团队从一匹70万年前死去的马的骨头中发现了有史以来最古老的基因组并进行了测序。那块骨头一直都处在冷冻的状态，即使那样，"DNA的状况也很糟糕。"她说，"它不是长链的DNA，而是非常微小、破碎的DNA片段。"

**我们还能创造出真实的侏罗纪公园吗**

要是没有一点恐龙的DNA，我们还能创造出真实的侏罗纪公园吗？"没问题。"查普曼大学加州奥兰治分校的恐龙专家杰克·霍恩给出了肯定的回答。科学家们可能无法复活已经灭绝的恐龙，但应该可以创造出与恐龙相像的动物。他们还可以创造出不存在的新动物，包括与神话中的龙或独角兽相似的动物。"我们知道能够实现，"霍恩说，"关键是要找到配方。"

生物的完整配方或基因序列称为基因组。要是把人类的基因组打印出来，能有800本词典那么多呢。被称为基因的DNA片段就像配方中的步骤，控制着外貌和身体的机能。生物的基因来自父母，通常一半来自母亲，一半来自父亲。你独特的基因决定了你头发和眼睛的颜色、身高，甚至能否卷舌头以及其他许多关于你的事情——但不是所有！你的生活方式和经历也决定了你是谁。

改变基因或发生基因突变会改变配方，进而会在出生前后改变身体的机能。基因突变在所有活细胞中都时常发生。有时基因突变没有影响；有时会导致癌症或其他疾病；有时，它会给生物带来优势。随着时间的推移，当父母把基因的变化传给他们的孩子时，生物会进化成新物种。人们也找到了让基因朝特定方向改变的方法。这是一种古已有之的方法——繁殖。农民们用这种方法开发了许多植物和动物的新品种。

以农民想得到一匹高大的马为例，原理是这样的：他们会挑选一匹比正常马稍大的马来进行交配。当小马长大后，农民们会再次挑选高大的马与它进行交配。一代接一代，时间的累积便会培养出一匹高大的马。同样的过程可以让任何物种发生很大的改变。养狗的人成功地培育出了体形高大的大丹犬和娇小的吉娃娃犬。现在的香蕉又大又甜，而野生的香蕉个头短粗，里面还有坚硬的籽。野生玉米曾经只有花生那么大，只有不到10粒硬而无味的玉米粒。甜玉米芯已经变大了1000倍，而且越来越甜，越来越多汁。几乎你吃的每一种食物都被培育得比以前更大、更多汁、更香甜、更容易种植、更容易食用、更容易收获、更容易储存和运输。通过繁殖创造新的生物需要几十年甚至几百年的时间，而利用技术改变DNA的速度就快得多，甚至可以引入一个物种中还不存在的特性。

**繁殖能够让任何物种产生巨大的改变**

# 基因工程的新工具

基因工程技术包括改变DNA的任何工具或方法。这一颇具争议的技术可以把全新的成分和步骤引入基因方案中，避开了长时间反复验证的繁殖过程。不过，科学家们首先要找出控制某一特性的基因，如颜色或尺寸的控制基因。通常，由几个基因控制一个特性，而一个基因也可以影响几个不同的特性。为了解决这一难题，科学家们必须花大量的时间和精力梳理基因组，并在实验室测试细胞的变化。

**科学家们首先要找出控制某一特性的基因**

20世纪70年代，研究人员发现了如何把基因从一个物种引入另一个物种的方法，从而创造出转基因生物。例如，一个特定的水母基因使任何活细胞在某种光线下发出绿色的光。科学家们利用这种基因培育出了发光的兔子、猪、猴子和猫（这不仅是为了好玩，发光是一种检测基因变化是否真实发生的简单方法）。植物学家利用其他物种的基因来培育新的作物。例如，他们生产出了能抵御害虫的玉米和含有额外营养的大米。

美国科学家詹妮弗·杜德纳和法国科学家艾曼纽尔·查彭蒂埃因为开发出一种基因编辑技术CRISPR而获得了2020年诺贝尔化学奖。CRISPR能寻找、发现和切割DNA片段。如果需要，可以用其他工具粘贴新的DNA。CRISPR价格便宜，使用方便。科学家可以用它来培育转基因生物，也可以移除或修复基因组中已经存在的基因。2016年，研究人员发现了一种会让切好的蘑菇变质的基因。他们用CRISPR将其去除，培育出了保鲜时间更长的蘑菇。2020年，科学家们利用基因编辑技术在新冠疫情期间非常迅速地研发了疫苗，拯救了许多生命。

# 猛犸公园

科学家们还使用CRISPR技术和其他工具拼凑出了已经灭绝动物的配方。几个研究团队正在分析猛犸象的基因组。与恐龙相比，猛犸象灭绝时间较晚，有些保存下来的猛犸象尸体还包含DNA。尽管如此，找到完整的基因组序列也并非易事。配方就像经过了碎纸机，留给科学家们进行研究的只是一把把的碎纸片。他们的工作就是把这些纸片拼起来，形成一张完整的配方。然而，即使他们完成了拼图工作，受损的DNA仍无法在活细胞中发挥作用。所以，他们需要利用活细胞中完整的DNA来培育出活生生的动物。

亚洲象是猛犸象的近亲。一些科学家试图编辑大象的DNA，使其具有长毛象的特征。哈佛大学的乔治·切奇确认了与猛犸象的长毛、大耳朵、多脂肪等有关的基因。2015年，他复制了其中一些基因，并用CRISPR将它们缝合到活象细胞的DNA中。这些细胞在实验室的培养皿中存活了下来。最终，科学家们也许能够在大象卵细胞中进行同样的编辑，但把卵子培育成婴儿却是一个全新的问题。这样的技术还不存在。一头大象可能无法孕育并生出一头猛犸象。不过，科学家最终可能会培育出一头具有猛犸象特征的大象。

**科学家需要完整的DNA来创造一种生物**

75

# 鸡爪龙

恐龙如何呢？它们也有现世活着的近亲——鸟类。也许你觉得难以置信，平常不过的鸡竟是霸王龙的远亲。即使没有远古的DNA片段，科学家们也确认了把鸟类和恐龙区分开的基因。例如，他们找到了阻止鸟类长出恐龙一样的爪子或牙齿的基因。移除这些基因可以删除几十万年的进化过程。而诸如尾巴长度的特性则更复杂。霍恩的团队正在研究如何控制尾巴的生长。他们选出了一个基因，然后"把它打开或关闭来看看会发生什么。"霍恩解释说。在实验过程中并没有孵化出变异的恐龙鸡。霍恩的团队还改变了鸡蛋的基因，并让胚胎生长了一段时间后才把它淘汰掉。他们想在动物幼仔出生前就彻底搞清恐龙的基因结构。

如果科学家们能让鸟身上长出恐龙尾巴，或让大象身上长出猛犸象的毛发，那就想象一下他们还能做些什么来改变地球上的生命吧。如果一种特性可以存在于自然界中，那么基因工程师就有可能把它创造出来。制造喷火龙的可能性不大，因为没有生物会喷火。但制造有翼蜥蜴应该是可能的，有角的马造起来应该更容易。科学家们已经证明他们可以利用DNA去除牛的角。2015年，两只无角小牛斯波提吉和布里出生。重组技术公司的科学家们编辑了小牛的DNA，去除了一个生长角的基因。那些看起来像独角兽、龙、猛犸象、恐龙或者任何你能想象的东西，都可以通过基因工程制造出来，活生生地展现在你的眼前。

**制作有翼蜥蜴应该是可能的**

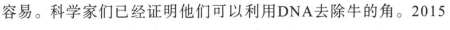

76

# 扮演上帝

　　科学家们虽然可以有所作为，但并不意味着所有事情都应该做。有些人认为，用基因技术干预胚胎发育或创造新物种存在着道德伦理问题。还有些人把这种做法看作是在扮演上帝——也许人类并不具备这样的权力。

　　用基因工程创造植物或动物的新品种是有风险的。基因的改变可能会导致疾病、痛苦或其他竟想不到的结果。研究人员虽然在实验室广泛地进行细胞实验后，才能培育出植物或动物的新品种。但是即使这样，许多植物或动物也不得不经历痛苦或死亡才能使基因改变达到完善。所以，每一位科学家和公民都必须谨慎考虑培育新物种的益处是否大于风险。

**基因的改变可能会导致痛苦或疾病**

　　当你得知牛角会对人类和其他牛造成威胁时，编辑牛的基因、让它的角不再生长似乎合情合理。然而，编辑作物基因，使其产生抗除草剂的特性会驱使农民使用更多的除草剂，这种做法不利于土壤和生态系统的健康。一场反转基因运动正在全世界蔓延，导致许多国家禁止种植转基因作物。不过，问题的核心不是基因改造技术，而是有些公司用它来支持有害的农业实践。一些活跃人士担心这些公司的基因编辑种子正在操控着农民种什么作物。

　　好消息是，转基因和基因编辑食品完全可以安全食用。一些科学家正致力于农作物的基因工程研究，来解决未来世界的食物供给问题。非洲加纳海岸角大学塞缪尔·阿钱蓬博士正在开发一种添加营养的甘薯。他希望有一天人们可以"吃得更少，但获得所需要的一切营养"。此外，转基因作物可以用更少的土地和水生产更多的粮食。基因工程也可以为濒危动植物的生存提供帮助。气候变化让珊瑚面临灭绝的危险。澳大利亚的研究人员希望用基因工程来帮助珊瑚应对海洋的极端气候变化，获得生存。

# 一席之地

牛、甘薯和珊瑚已经在这个世界有了一席之地，而灭绝的和神话中的动物则没有。一旦它们出生会怎样呢？第一个出生的小猛犸象会孤孤单单，没有其他象的陪伴，也没有谁告诉它吃什么、怎么做。小恐龙也会面临同样的窘境。这些动物的自然栖息地已经不复存在。它们对现存的生物会有什么影响呢？自然界的生态系统和食物链是非常脆弱的。一个新物种可能会对现存的物种产生威胁。我们虽然可以在动物园或公园里为新物种建造栖息地，但万一它们逃出去了呢？就像《侏罗纪公园》的电影一样。

**自然界的生态系统和食物链是非常脆弱的**

莫莉是美国加州大学圣巴巴拉分校生态学研究生。提到建立真正的侏罗纪公园的想法时，她说："我开始紧张了。"生态学家们研究环境中的生物如何进行相互作用。莫莉认为，除非有足够理由相信某种动物会成功繁衍并能拯救目前的生态环境，否则复活它没有任何意义。例如，印度洋圣诞岛上的一种小蝙蝠于2009年灭绝。它是岛上唯一吃昆虫的蝙蝠，因此复活它会阻止岛上昆虫的泛滥。

猛犸象也会产生非常积极的影响。当踏过西伯利亚时，它们通过粪便传播了种子和养分，不知不觉种下了郁郁葱葱的草地。当它们灭绝时，生态系统因缺乏它们的粪便而受到损害，许多动植物从这个地区消失了。把这些"巨人"带回来，可以让这个寒冷偏远地区的动植物恢复生机和活力。有个人正在为它们的归来做准备。他叫谢尔盖·齐莫夫，1989年创办了更新世公园。在过去的几十年里，他把在世界其他地方仍然存活的动植物陆续引入这个栖息地。任何未来的猛犸象（或像猛犸象一样的大象）都可以住在这里。乔治·切奇说："我们希望有朝一日，如果社会需要的话，我们会有一大群这样的动物。"

社会需要什么呢？有人认为，我们没有理由花时间和金钱复活那些已经灭绝的动物，而应该帮助那些现存的动物，避免永远失去它们。然而，许多物种灭绝的原因是出于人类破坏了它们的栖息地，所以你或许认为人类也有责任复活这些动物，让它们不断繁衍。

**我们应该帮助那些现存的动物，避免永远失去它们**

创造恐龙、独角兽或龙的想法很难自圆其说。"让动物身上长出翅膀或犄角很酷，这样的理由是站不住脚的。"摩尔认为。在虚拟世界中，我们想要什么样的魔法生物都可以，但是仅仅为了娱乐的目的把一种动物带到世界上是不公平的。新生物可能会在基因组合的完善过程中遭受痛苦。此外，这样的动物照顾起来也很困难。"每一种酷酷的恐龙都比你的房子还大，车库根本装不下。"霍恩解释说。在动物园或公园里可能也不舒适。

是否应该创造新的动物、植物或其他生物，这个问题没有完全正确或错误的答案。每一种个案都是独特的，也都会衍生出一系列优势与风险。唯一清楚的事实是，CRISPR和其他工具赋予了人类超乎想象的力量，来改变我们所熟悉的生活。结果取决于我们如何使用这种力量。如果我们对科技负责，尊重其他生命形式，我们就能以奇妙的方式改造和修复我们的世界，造福植物、动物和人类。

# 8. 超能力

你和几个朋友在打篮球。不过，你们不在传统的篮球场，而在一个超大的足球场。篮球架位于球场一侧，篮筐有房子那么高。

从球场的远端，你盯着篮筐，举球、瞄准、投篮。"嗖"的一声！你跑步接球与投球一样毫不费力。你冲刺的速度与之前的奥运短跑冠军相当。当到达篮筐时，你一下就越过去了。这是投篮成功的典型庆祝方式。特别的衣服给了你特别的力量。

朋友们为你鼓掌欢呼，但你清楚自己所做的一切没有那么令人兴奋，也没有那样厉害。因为每个人都有非同一般的力量、速度和灵活性。每个人都有超强的感官——像鹰眼一样犀利的眼睛，像猫一样灵

**你认识的每个人都有非同一般的力量、速度和灵活性**

80

敏的耳朵。

多亏精心挑选
的基因，你和你
的朋友们都聪明无
比、魅力无限。你凭借
漫画书中超级英雄般的无穷
力量体验着生活。

## 更强、更快、更好

你能成为超人、钢铁侠或神奇女侠吗？今天没有人能一下子跳过高楼（或篮球筐）。不过，科技和医学的进步可能会在不久的未来，让那些看似神奇，甚至不可能的超能力成为我们生活中正常的一部分。机械是产生超能力的途径之一。就像钢铁侠的机器人套装一样，特殊的衣服或机器人的身体部位有一天可能会赋予我们超强的力量、速度或其他力量。

如今，许多运动明星已经通过特殊装备获得了运动水平的提升。例如，穿有超强弹力鞋底的跑鞋让运动员跑得更快。2019年，埃利乌德·基普乔格用了不到两小时跑了一场马拉松，创造了惊人的壮举，也是世界上的第一次。他的那双特殊运动鞋可能让他比原本的速度更快一点。早在2008年和2009年，全身"超级泳衣"帮助游泳运动员打破了100多项世界纪录。

技术也可以替代或改变身体的某些部位。目前，一些肢体不健全或某些身体部位不能正常工作的人可以使用机械手臂、腿、脚或手。机械身体部位也有助于提高视觉和听觉。人工耳蜗能直接向大脑传递声音。这些机械身体部位使用了令人难以置信的技术，但目前还不能实现生物身体部位的全部功能。不过，随着机器人技术的进步，机械身体部位一定可以赋予人类非凡的能力。

**机械身体部位可以赋予人类非凡的能力**

在科幻小说中，同时具有生物和机械身体部位的人或动物有时被称为赛博格（也叫电子人）。未来，赛博格能创造出新的音乐和艺术形式。想象一下，你可以看见人眼看不到的颜色，或是听到人耳辨别不了的声音。赛博格还能体验新的冒险。人们已经可以穿上特制的鞋子来爬山、滑雪、滑冰和越野。但如果使用仿生部件，你可以不受现有腿、脚的大小和形状的限制，可以重新设计肢体的工作方式。

休·赫尔是麻省理工学院的一名工程师，也是机器人肢体研究的先驱之一。他在少年时因登山事故失去了两条小腿。意外发生的几个月后，他开始尝试使用假肢。当他意识到没有必要让假肢看起来与真正的肢体一样时，便设计了非常适合攀登的新款假肢。他缩小了脚的尺寸，以便在较小立足点上更容易保持平衡，还在脚趾上加了刀片，来夹住岩石裂缝。他把腿拉长，以便够到远处的立足点。他把腿做得非常轻，这让他比两腿粗壮的人更容易支撑住身体的重量。"我重新加入到体育运动中，变得更强，也做得更好。"赫尔说。

假肢可以为那些失去腿或脚的运动员提供帮助。2018年，德国运动员马库斯·雷姆凭借一条假肢跳出了出人意料的8.48米的距离，超过了一台皮卡车的长度。这一惊人的跳跃不但为残疾运动员创下了世界纪录，也超过了2016年夏季奥运会上获得跳远金牌的健全运动员的成绩。多名使用假肢的田径运动员的成绩已经达到了与双腿健全运动员相当的水平。使用假肢会让残疾运动员比肢体健全的人跑得更快、跳得更远吗？也许会。由于这个原因，雷姆没有被允许参加奥运会。不过，一名残疾运动员仍然需要付出难以置信的努力。假肢不会把一个普通人变成超级英雄。

昆虫有坚硬的外壳，称为外骨骼。工程师们用同样的名字来称呼像衣服一样穿在身上的机器服装。有一天，你可能会穿上外骨骼，以更快的速度移动，以更大的力量举起重物，或执行其他超人的任务。休·赫尔说："50年后，当你想去城市的另一边看望朋友时，不用坐在'四个轮子的大金属盒子'里了，只要穿上一件酷炫的外骨骼就可以跑到那里。"

这听起来很有趣，但如今的外骨骼看起来并不像钢铁侠那么酷，它们看起来更像带着背包的安全带，不过确实很有用。哈佛大学研究员布伦丹·奎利万曾协助设计了一套可以为步行或跑步提供助力的外骨骼服装。现在的外骨骼服装都是为具体活动设计的。同样的衣服并不能帮助一个人爬楼梯或在不平的地面上徒步行走。此外，衣服需要经常充电。不过，奎利万认为50年后才有可能把所有不同的部分整合成一个多用的、铁人风格的外骨骼服装。

# 修改生物学

为了获得超能力，人们可能不需要穿戴外部机器或衣服，而是改变自己的生物特征。人们已经可以通过锻炼、良好的饮食和睡眠来增强体能。有些不满足于常规训练效果的运动员或许会借助药物来提高成绩。这被称为"服用兴奋剂"，是一种欺骗行为，是违法的，但在赛场上却普遍存在。

大多数情况下，服用兴奋剂意味着增加身体的荷尔蒙。荷尔蒙也叫激素，是人体内产生的化学成分，可以用来传递信息，也能让肌肉变得更大更强壮。但兴奋剂会产生过量的荷尔蒙，并扩散到全身，对运动员可能产生有害的副作用，包括肝脏或心脏的损伤。

**服用兴奋剂意味着增加身体的荷尔蒙**

体育机构和各项比赛都努力防止这种危险的做法，并通过取消成绩、禁赛、终身停赛等措施来惩罚运动员。加拿大维多利亚大学神经科学家保罗·泽尔认为，性能增强药物"就像用一个巨大的锤子来凿一个非常小的东西"。

有没有更精确的方法来提升我们的能力？有的，我们可以改变自己的基因。正如我们在第7章所学到的，基因为细胞如何生长和做什么提供了指令。基因工程技术有意改变基因以改变生物的发育方式。这项技术既可用于蘑菇、猛犸象，也可用于人。有时，基因错误要么导致疾病，要么使人更容易患上疾病。基因编辑可以修复单个细胞中的基因错误。但是一个患有遗传疾病的身体已经将这个错误复制到了全身每一个细胞。"你无法编辑体内的全部40兆个细胞。"哥伦比亚大学生物化学家塞缪尔·斯特恩伯格认为。

对于许多疾病来说，只需要在身体受损部位进行编辑即可。一种方法是从人体中取出一些细胞，对它们进行编辑，然后放回原处，让编辑过的细胞繁殖并替换原

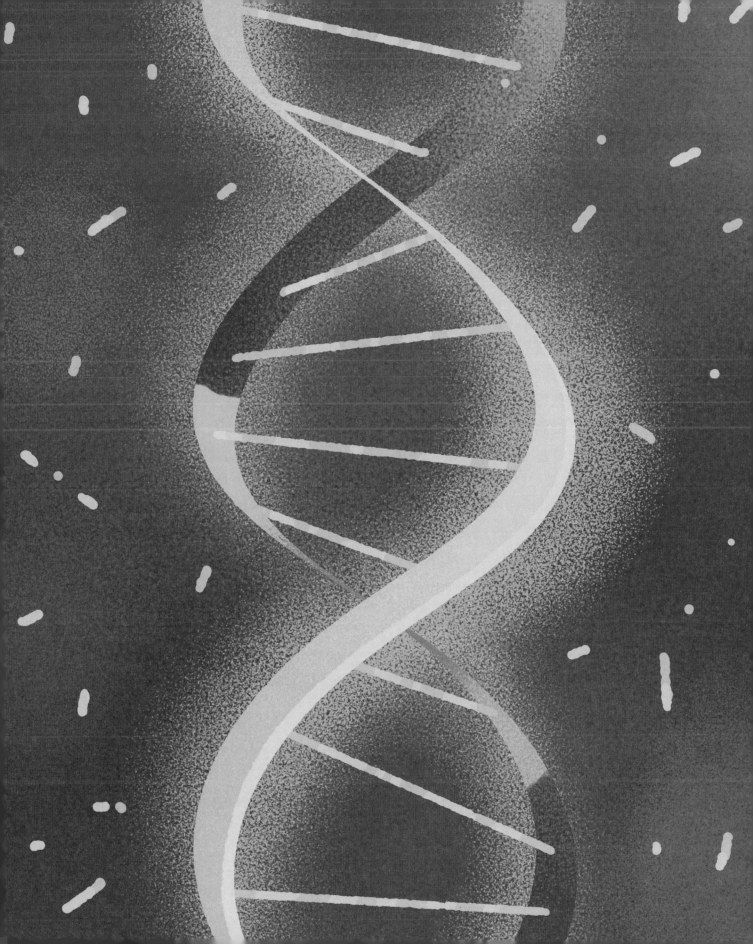

来的细胞。医生们称之为基因疗法，已经用来治疗一些特殊的疾病。每种形式的基因治疗都必须经过仔细的研究和测试，以确保其安全有效。

2015年，医生用这项技术挽救了一名一岁婴儿的生命。她叫莱拉·理查兹，患有白血病，这是一种癌症。经过医生基因编辑的细胞能寻找和摧毁白血病癌细胞，但不破坏正常的身体细胞。然后医生将这些细胞注入婴儿体内。她康复了。2019年，基因疗法治愈了密西西比州一位34岁母亲维多利亚·格雷的镰状细胞病。

# 玩　　火

**研究人员可以找到编辑基因的方法，使人们变得更强壮或更快，甚至更聪明**

类似的基因技术有一天可能会改变我们的生活。研究人员可以找到编辑基因的方法，使人们变得更强壮或更快，甚至更聪明。他们可以在成年人身上做出改变，不过，最直接的方法是在胚胎发育成婴儿之前对其进行编辑。随着胎儿的生长，这些变化会自动复制到每一个细胞中。不过，这种做法有很大的风险。当一个基因编辑过的孩子有自己的孩子时，他们可以继承这些变化，然后再遗传给下一代，依此类推。改变一个胚胎可以改变整个人类物种的进化！

CRISPR是目前最好的基因编辑工具，但不是文字处理程序，无法轻易地删除或替换基因代码。宾夕法尼亚大学基兰·马努苏鲁博士解释说："我认为它就像火一样。只要你能控制住它，就能利用它；要是你不能很好地控制，它就会做坏事。"应用CRISPR就像用火柴来点燃说明书中的一段内容那样。如果操作不慎，医生很容易把书的其他部分烧掉，无意中对基因产生潜在的、有害的影响。对于正在接受基因疗法的成年人来说，如果他们已经有了孩子，这或许是能够接受的风险，因为任何有害的变化不会遗传给下一代。然而，当涉及胚胎编辑时，风险则令人警惕。

医生们已经能在实验室为那些不能自然怀孕的父母制造胚胎。他们提取父母的精子和卵子，在实验室将它们结合在一起，并将一个或多个胚胎植入母亲体内。几乎所有的科学家和政府都认同，植入编辑基因的胚胎太危险。不过，中国科学家贺建奎还是逃避监管，一意孤行地进行了基因编辑，引起了全世界的愤怒。他的目标是增强人体对艾滋病的抵抗力，但他的编辑却没有按计划进行。"这种不受控制的编辑简直是一场灾难。" 马努苏鲁博士认为。贺建奎的实验让两个双胞胎女孩——露露和娜娜于2018年10月出生。虽然贺健奎被判了刑，但损失已经无法弥补。目前，还不知道这对双胞胎及她们的后代是否会因为这项实验而受到不利影响。不管怎样，这样的风险不值得去冒。

**植入编辑基因的胚胎太危险**

# 设计婴儿

科学家或许能找到更安全、更可控的方法来编辑胚胎中的基因，从而保护儿童免受致命疾病或痛苦状况的遗传。然而，我们如何在必要和不必要的编辑之间划清界限呢？例如，2019年，一对俄罗斯夫妇得知，他们所生的孩子都会继承导致听力损失或耳聋的基因的两个副本。于是，他们考虑使用基因编辑技术，让他们有一个听力正常的孩子。只要手术安全，这对夫妇做出这样的选择似乎是合理的。不过，蓬勃发展的聋人文化已被很多听障人士接受，他们有自己的语言和历史。有些人已经拒绝植入人工耳蜗，觉得耳聋无需被修复，基因编辑已经成为他们文化的一大威胁。

**我们如何界定必要的和不必要的基因编辑**

一些盲人、孤独症患者和有学习障碍的人也认为自己不需要修复。这些与众不同的特点可以让他们为社会作出与众不同的贡献。例如，有些失明的人学会了利用回声定位来导航，有些孤独症患者是杰出的音乐家或数学家。未来的父母如果选择避免这些身体上的缺陷，那我们也就失去了一个丰富多彩的世界。

科幻作家们想象出了这样的未来：父母可以选择孩子的所有特征，包括头发和眼睛的颜色、智力和运动能力等。父母还可以选择孩子的一些非自然的特征，如增强视力、增强听力或过人的力量。不过，科学家们目前还不清楚如何编辑智力、运

动能力或其他个性特征。"我们还没有研究到那种程度。"马努苏鲁认为。比如，运动能力来自成百上千个基因之间的相互作用，再加上一个人的成长经历改变了基因的开启和关闭方式，因此，通过编辑基因来让孩子擅长音乐、体育或艺术可能永远无法实现。

不过，科学家们确实清楚，一些简单的基因变化会赋予非同寻常的特征。比如，删除某个基因会使动物长出更强壮的肌肉。科学家们已经利用这项研究成果让牛、猪、绵羊、山羊和猴子长出了壮硕的肌肉。这样的编辑也适用于人类。但目前，研究人员只专注于预防疾病或减轻病痛的编辑。

## 创造新人类

很快，人类社会将不得不对非医疗目的的基因和机械增强做出艰难的抉择。我们是取缔它们、容忍它们，还是拥抱它们？人们寻求改善身体和思维的愿望是显而易见的。然而，为了"优化"人类，有人做了非常邪恶的事情。优生学就是一种令人不安的做法，它试图阻止某些人生育，以便从人群中去除他们的特征。它已被用作对付黑人、精神病患者和其他群体的武器。我们必须牢记这段历史。

**为了"优化"人类，有人做了非常邪恶的事情**

还有一点需要记住，增强技术并非每个人都能用，尤其是最初的时候。新技术通常很昂贵，所以只有富人和掌权者才能负担得起。世界已经不平等了：富人享受着更好的医疗、更好的住房、更充足的能源和更多机会。增强的基因会赋予他们另外一项优势，这不公平。事实上，增强技术看起来很像作弊。在赛场上，我们希望最喜欢的运动员通过努力取得佳绩，而不是走捷径。难道我们不应该对商人、艺术家、学生和其他人也有同样的期待吗？劳伦斯·普格雷斯不看好人们拥有超能力的未来。他说："我认为这将使大家更加不平等。"

　　然而，有一些很好的理由支持增强技术。有朝一日，由于基因中的特殊抗病指令，人们可能永远不会生病。如果救援人员和消防队员能够以超人的速度移动、举起沉重的碎片或承受危险的环境，他们可以拯救更多的生命。如果医生拥有超人的

视力，或者能够时刻保持对紧急情况的警觉，他们可以帮助更多的人。如果宇航员能够承受辐射和低重力，或者能够在不同的大气中呼吸，他们可以探索得更深入。这样的增强对人类是有益的。要是我们拥有使人类更健康、更有能力的技术，而仅仅因为一些人可能会滥用而将其拒之门外，是不是错误的选择呢？

不过，说到底，增强技术无法将任何人变成完美的人。"理想的人类并不存在，"普格雷斯说，"我们都在不断努力成为更好的人。"我们努力追求的许多东西，包括善良、理解和同理心，都是我们必须通过学习才能获得的品质。可能无法将它们编程到一个人的基因中。我们也应该警惕试图修复那些不需要修复的东西。人类的奇妙之处就在于我们都是如此的与众不同。

# 9. 思维控制

**天气闷热，你在家待得很无聊。你想知道你的朋友是否很忙。她家有一个游泳池。**

一旦这个想法在你脑海中闪过，它就会不断重复，让你忍不住想给朋友发条信息："我很无聊。想去游泳吗？"你一想到"发送"这个词，它就真的发出去了。过了一会儿，你会听到一个声音，意味着你收到一条回复。你想一下"打开"这个词，大脑就读到了回复："没问题，过来吧。"

这叫心灵感应。你的心灵感应能力不仅可以把你和你的朋友 **你已经连接到了**
联系在一起，也能将你连接到整个物联网。你的房子一直在聆听你 **整个物联网**
的心声。作为回应，它在你面前投影出几个泳装选项。你看中一个
选项后，衣柜里就送出一件泳衣和毛巾，包好，准备旅行。你脑子里有个声音提醒你，附近有辆车可以停下来接你。你只需一个念头就可以实现了。

你还与人类知识、经验和记忆的巨大宝库连接在一起。智能搜索引擎把你想知道的任何事情推送到你的脑海中。你也可以把自己的经历记录下来，随时回放。旅途中，你闭上眼睛想着——回放池塘里最有趣的记忆。你就会在脑海中看到一群鸭子飞进池塘，看到你朋友的狗试图抓住它们。你甚至没有去过现场，但是你的朋友录了视频，所以你也可以体验。

既然大脑能直接连接任何技术，你就可以获得远远超出你大脑容量的知识，体验远远超出你身体极限的事情，甚至不费吹灰之力就能影响世界。你要做的就是思考。

# 头脑中的火花

这样的情景实现的可能性有多大呢？令人惊讶的是，你已经可以用大脑控制技术了。这要归功于脑机接口技术（简称BCI）。自从2009年Emotiv和NeuroSky公司发布脑波控制游戏系统以来，这项技术已经得到了广泛应用。2014年巴西世界杯期间，一名双腿无法活动的人奇迹般地为比赛开了第一个球，只因他穿上了用思维控制的外骨骼装备。2016年，佛罗里达大学的学生们还举行了用思维控制无人机的比赛。

如今的脑机接口技术还不能把你的思想变成文本，或对记忆进行记录和回放。"我们离在任何时候都能读出一个人的思想还有很大差距。"加州大学伯克利分校的工程师约翰·黄认为。不过，未来的科技是可以发展到这种程度的。该校的神经学专家杰克·格兰特认为阻碍我们的还有一个大问题："我们还不能很好地测量人脑。"

要理解人脑控制技术，你必须先了解大脑的工作原理。你头骨里的那团灰色物质包含了几千亿个叫作神经元的细胞，每一个都能引发电火花。这种火花会传导给

**神奇的是，你已经可以用大脑控制技术了**

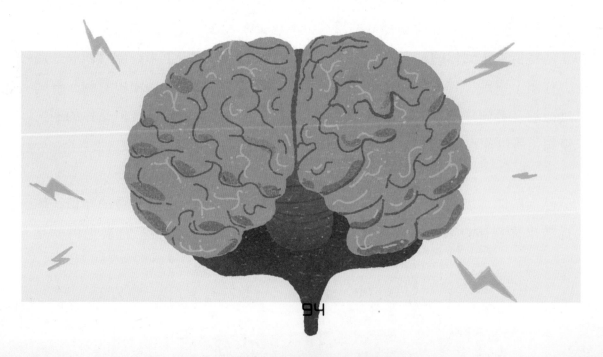

成百上千的其他神经元。它们中的每一个都可能用放电或不放电进行回应。复杂的神经元放电模式形成了你所有的思想、情绪、动作和身体感觉（它们还管理你并没有意识到的自动过程，比如呼吸和体内的血液流动）。人脑的工作模式是一致的。每当你举起右手时，一束神经元会以几乎相同的方式放电。当你看到一个苹果时，放电的就是不同的神经元。因此，如果科学家能够捕捉到神经元的放电模式，并将这些模式与特定的动作（或图像、文字、其他他们想理解的东西）相匹配，那么他们就能读懂你的大脑。这听起来容易吗？并不容易。

## 真正的心灵感应

**目前可用的设备无法检测到放电形成思想的神经元**

Emotiv、NeuroSky和其他类似的设备还无法探测可以放电形成具体思想或情感的小型神经元。为什么测不到呢？这是因为它们与神经元的距离还不够近。这些设备通过叫作电极的小型金属传感器在头骨外探测大脑活动。电极嵌在帽子、发带或耳机内，可以捕捉到大脑中许多神经元的组合活动，即脑电波。

追踪脑电波的脑机接口能够识别大脑的某种状态，如清醒或睡眠、安静或紧张等。科研人员开发出了可以自动探测病人痛苦程度的脑机接口。脑机接口还可以学习识别特定的脑电波模式，然后将该模式分配给应用程序或游戏中的某个动作。例如，约翰·黄开发的软件可以让人们设置"思想密码"而不是一般的密码。要想使用这个系统，你首先要戴上镶嵌电极的耳机，然后把同样的内容想几次。例如，你可以在头脑中默唱一首歌。重复数次后，设备就会识别脑电波的模式。设备如果再次检测到这种模式，就会接受这个思想密码。

你可以用同样的方法来设置思维控制游戏。例如，你可以想象跳跃。一旦系统识别了这种思维模式，你就可以通过想象跳跃来参加游戏。你也很容易想到游泳，并用这个想法来代替跳跃。但游戏并不知道这个模式意味着什么，而只是把它与你分配的任务进行匹配。另外，系统并不能把你唱歌或跳跃的想法与大脑中其他的事件区分开。要是你喝了咖啡或骑了自行车，设备可能再也读不出你的想法了。埃塞克斯大学研究脑机接口的工程师安娜·马特兰·费尔南德斯说："大脑中的任何其他想法都有妨碍作用。" 由于咖啡能量或锻炼情绪提升的大脑信号将与唱歌或跳跃思维的信号混杂在一起。

## 深度窥视

**在大脑外读出思想就像在赛场外观看足球赛一样**
　　费尔南德斯认为在大脑外读出思想就像在赛场外观看足球赛一样。你只能听到观众整体的反应。大声欢呼或嘲笑会让你知道是否进球了，但你却看不到球员也听不到他们的声音。因此，你无法知道比赛的实际状况。

　　为了理解具体的思想，研究人员必须研究行动。"无论如何，你需要深入到大脑中。" 芝加哥大学神经科学家尼古拉斯·哈索普利斯解释说。这意味着要进行外科手术。研究人员打开了老鼠、猴子甚至人类志愿者的头骨，把微型电极放在大脑的外面或里面。选择这类外科手术的人通常患有疾病，或有残疾，需要脑机接口帮助治疗。

　　简·舒尔曼就是志愿者中的一员，她患有一种罕见的疾病，大脑的信号无法到达四肢，造成了脖子以下的肢体瘫痪。2012年，她自愿参加了这项研究。研究人员把两个电极放在她大脑控制运动的区域。金属柱从她的头骨顶端伸出来。研究人员将她的运动相关脑电波信号与计算机连接起来。经过练习，她学会了控制机械手臂，可以拿起巧克力棒咬上一口了。"这是我吃过的最好的巧克力。"她回忆道。她的大脑已经适应了机械臂的训练，不用思考捡东西的过程了。就像任何人用手拿东西一样，她只需伸出手，系统就会做出反应。

大脑不仅发送信号来控制身体，还接收信号，将其转化为触觉和空间中的身体感觉。另一名志愿者斯科特·英布里是首批通过大脑植入感受到触觉的人之一。一场车祸使他部分瘫痪。他可以行走、移动手臂和手，但他的动作是受限的。2020年他接受了脑部手术，在大脑中感受右手触觉的部分植入了两个植入物。当研究小组通过植入物将电流传送到控制拇指的大脑区域时，他感觉到了刺痛。另外两个植入物可以让他在模拟环境中移动虚拟手臂。"这是世界上最酷的事情，"他说，"我觉得自己像章鱼医生。"

**我觉得自己
像章鱼医生**

对失去肢体的人来说，脑外科手术并不总是必要的。大脑通过神经网络在全身发送和接收信号。工程师们可以将机械手臂或腿与人体骨骼、肌肉和神经直接相连来操纵这个系统。麻省理工学院（MIT）机械工程师、博士生马特·卡尼设计了一种机器脚和脚踝，病人用他们的大脑控制脚的旋转或倾斜。"这有点像是你身体的延伸。"一位试用过这种脚的截肢者丽贝卡·曼说。一部分人已经在日常生活中使用了这样的设备。

# 心灵电影

神经科学家对大脑的研究远不止运动和感觉系统，与大脑相连的医用植入物恢复了聋人的基本听力和盲人的视力。研究人员还把大脑活动转换为图像和文字。2011年初，加州大学伯克利分校的格兰特和他的团队根据正在观看视频的人的大脑活动，重建了简短、模糊的视频。为了避免在大脑中植入电极，他们使用了一个磁共振扫描仪来跟踪经过大脑的血流。诸如此类的实验结果未来会变得越来越清楚。

正如我们已经发现的那样，帽子和发带不能捕捉到非常详细的大脑活动。而成像仪磁共振功能需要参与者在扫描仪中保持不动，因此不能作为日常使用。侵入式植入物往往不会持续很长时间。因为身体会攻击金属植入物，否则手术部位可能会感染。一般来说，两年后必须移除。不过，如果有更好的方法连接大脑，会怎样呢？

**如果有更好的方法连接大脑，会怎样呢**

SpaceX的埃隆·马斯克也问了同样的问题。然后，他创立了名为Neuralink的脑机接口公司。马斯克描述他的工作"有点像你脑袋里的一个装有细丝的钻头"。一块尺寸和形状如一枚硬币大小的计算机芯片可以插入头骨上的一个洞里。超过一千个微小的线状电极从芯片连到大脑的外层。这些捕获芯片发送的大脑活动信号通过无线连接到附近的计算机。2020年，他的团队展示了一头猪，装有植入物，可以捕捉到猪鼻子的信号。猪一嗅，它就会发出哔哔的声响。不过，为了证明这一技术对人也是安全的，该团队仍有大量工作要做。

# 小心僵尸！

如果我们真能找到安全有效的连接大脑的方式，那么本章开头的场景就有可能出现了。我们不再需要使用声音或手臂与科技进行连接匹配。可这是我们真正想要的未来吗？

正如第8章所讨论的，富人通常首先接触新技术。如果植入意味着思维和工作比没有植入的人更快、更聪明，那么没有植入的人就不可能在世界上取得成功。这将扩大贫富差距。另外一个需要考虑的问题是，与世界的感应连接并不是一条单行道。无线设备和社交媒体可以让你时刻与世界上的任何人建立联系，这意味着世界上的任何人也可以时时刻刻与你联系，除非你把所有的小装置都收起来。要是广告、文本、有趣的视频和提示等都直接进入你的大脑会怎样呢？那会让人发疯的。"我可不想生活在那样的世界里。"安娜·马特兰·费尔南德斯说。

**要是广告、文本、有趣的视频和提示等都直接进入你的大脑会怎样呢**

此外，为了允许思想文本化、网络搜索和记忆共享，脑机接口既要读取想法，又要写入想法。这种侵犯隐私的行为已经超越人类发明的任何技术。人们可以对脑机接口连接的思想和记忆类型进行选择吗？使用该设备会导致大脑损伤或妨碍正常的思考或记忆吗？人们可能会重新编程以消除痛苦的记忆或尝试新的个性。或者，警察可能会利用这项技术来破案、解决纠纷。更可怕的是，一个渴望权力和控制力的人可能会侵入他人的想法和记忆，甚至改变它们，将受害者变成被洗脑的僵尸。为了防止这种情况的发生，社会必须决定这种技术的用途，并制定法律以保护人们的权利。

# 没有身体的大脑

不过，把大脑与设备连接会改变人的内涵，这或许是最奇怪的事实。这样的事情也正在发生。智能手机、手表和平板电脑已经成为我们身体的延伸。你每天的决策都要依赖某种设备来到达某处、与人交流。如今的各种设备已经隐藏在身体中。植入头骨的脑机接口让你感觉不到设备的存在，它简直就是你身体的一部分。你也无需再携带手机了，因为你本身就是手机。英布里说："当我使用植入物时，就像有了第三只手臂。"如果在任何时候我们都有想要的那么多的手臂、眼睛、耳朵或其他感官会怎样呢？我们的生活会大不相同。

有些人设想，将来我们是否可以把全部思想上传到计算机系统中。这样，只要愿意，我们就可以成为不朽的人。在2018年的一次采访中，著名的计算机科学家雷·库兹韦尔预测这将在21世纪30年代开始发生，他说："人们会认为，2018年的人们只有一个身体，无法备份自己的大脑文件，这是相当原始的。"如果人类的思想能够从生物体中解放出来，就可以更容易地探索太阳系及其以外的地方。我们不必忍受痛苦、衰老、饥饿或疾病。我们有可能永远活下去，就像神一样。可是，你愿意吗？第6章探讨了永生可能不那么伟大的一些原因。身体的缺乏可能使情况更为奇怪。即使你通过机械传感器与世界互动，情况也不一样。我们生活中的大部分乐趣来自饮食、锻炼、拥抱、睡眠和更多需要身体的活动。没有这些东西的生活是很难想象的。

完全的思想上传还处在幻想阶段，而且我们没有证据证明其中的可能性。不过，技术与思维之间的直接联系已经存在，并将随着时间的推移而改进。如果脑机接口达到了可以让你想别人之所想，梦他人之所梦的程度，那么你与他人之间的界限就越加模糊了。人们肯定会滥用这一权力。但这项技术也能让人们比以往任何时候都更全面、更深入地了解彼此和他们的世界。想象一下，一对母子在争吵中暂时分享思想，以便能从别人的角度看问题。也许，这可以消除一些隔阂，有助于每个人走得更近。

我们没有证据证明完全思想上传的可能性

# 10. 超级智慧

**看见太阳从海上升起，你的脸上露出了笑容。与此同时，你还在测量地球另一侧的降雨量，在几千家工厂组装产品，导演着海盗题材的冒险电影等。**

　　你之所以能完成这些工作，是因为你不是真正的人类。你虽拥有人的身体，但却有着超凡的思维能力。你大脑内的植入体不断地与全世界其他人的思想进行交流，分享和下载不同的经历、观点、知识和体验。所有的植入体又通过遍布世界各地的传感器与自然环境、建筑、机器人和设备建立连接。这些传感器不间断地收集各种数据，让你看，让你听，让你闻，让你摸，让你尝，让你记住任何地方发生的任何事情。

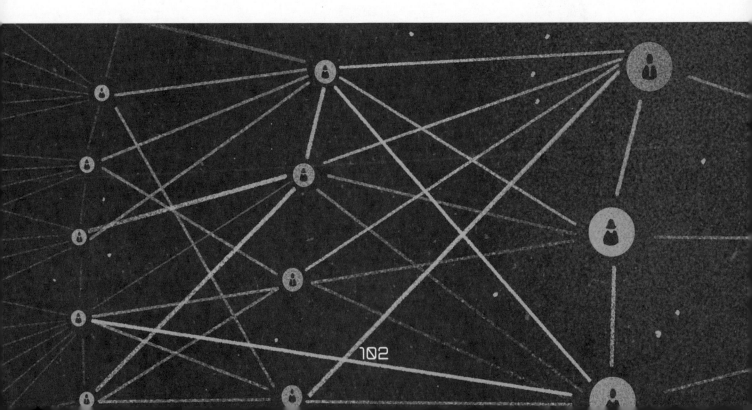

**你可以完成这些工作的原因是你并非人类**

这些海量的信息会让普通的人脑感到无所适从。幸好你有植入体，它们可以与功能强大的电脑连接，帮助你储存和处理所有信息。这个由大脑、传感器和计算机组成的庞大系统有惊人的智慧和能量。

此外，这个系统还有不断学习和更新的能力，会随时间的推移变得更加智能。它已经成为一种有意识的新型思维方式，与任何普通的个人所能体验到的完全不同。你的身体和大脑只是世界意识的一小部分。

这个世界意识每天都会产生大量新发明。它治疗疾病，发明新的制造方法，生产新机器人和其他设备，甚至能创作新的艺术、音乐和戏剧形式。它渐渐地扭转气候变化，使地球远离了环境灾难的边缘。你所看到的海洋又充满了冰川和生机盎然的海洋生物。世界意识保护着濒临灭绝的物种，还找到了生产和分配食物、衣服和住所的新方法，让人们不再经历贫困。它建造和发射星际飞船来探索银河系。它还建立了维护和平的社会和政府，让战争成为遥远的历史。

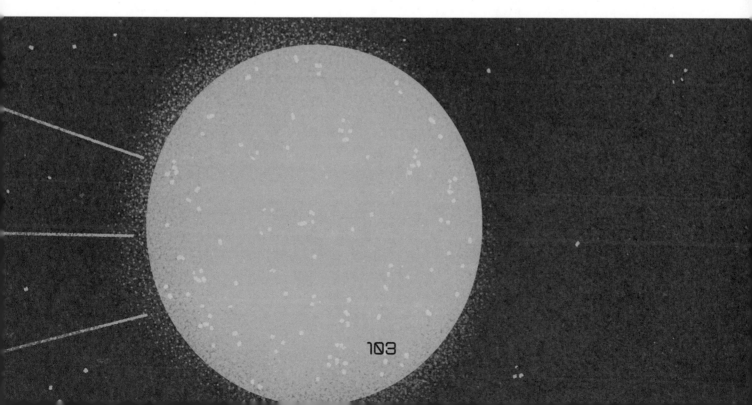

世界意识是一种超级智慧，是一种超越人脑的人工智能形式。

# 奇　点

世界意识这样的超级智慧会极大地改变我们的星球和人类的未来。在这样的未来，你会有一种与他人不同的自我意识和目标意识吗？你会成为一台掌管一切的强大机器中的一颗齿轮吗？没人知道。未来主义者给世界意识这样的技术起了一个特殊的名字：奇点。奇点是彻底改变一切的事件，以至于现在我们不可能知道在那个点之后的生活会是什么样子。

计算机科学家雷·库兹韦尔曾设想，当奇点到来时，人们将与超级智能机器融合，成为计算机与人类的结合体或者没有身体的大脑（如第9章所涉及的内容）。这可能标志着人类生命的终结，或是一种新的、改进的人类形式的开始，具体要看每个人的认识。他认为奇点将在2045年发生，但他的观点有些极端。大多数人工智能研究人员认为，创造出超级智能可能需要几十年、几百年甚至更长的时间。还有些人认为我们永远实现不了。

然而，人类和机器已经联合起来提高他们的智慧。我们随时随地　**人和机器已经**
携带手机和智能手表，连睡觉时都要把它们放在枕边。"虽然它还没　**结合在了一起**
有植入我们的身体，但我们宁愿它在。" 库兹韦尔说，"因为没有
它，我们几乎不敢出门，它已经成为我们思维的延伸。"应用程序和互联网给我们提供了近乎完美的地图、天气信息等。通常人们只有在网络中断时才会意识到互联网的存在。就像电一样，互联网应该一直存在，随时可以访问。按照联合国的说法，这是一项基本人权。

与此同时，人类正在以惊人的速度收集和创建数据。在2020年初，我们所有

计算机中的数据字节数估计是可观测的宇宙中恒星数的40倍！我们每天创建数万兆字节的新数据。不过，所有这些数据只有在我们明智地使用的情况下才有帮助。智力是通过采取行动或解决问题对信息作出反应的能力。计算机程序，也称为算法或模型，可以比人脑更快、更有效地处理数据。人工智能模型根据数据做出决策或采取行动。如今，人工智能模型驾驶汽车、提供搜索结果、诊断疾病、翻译语言，等等。人工智能现在有多聪明？它会变得比人类聪明得多吗？

# 计算机霸主

**人工智能会变得比人类聪明得多吗**

人工智能的发展取得了长足的进步。20世纪50年代的计算机有一间大房子那么大，每秒钟能处理几千条指令。如今，你口袋里的手机每秒钟可以处理5万亿条指令。随着计算机处理能力和速度的提升，研究人员已经开发出了更加聪明的算法，其中一些已经在具体任务上超过了人的能力。1997年，IBM一台名为"深蓝"的计算机击败了人类国际象棋冠军加里·卡斯帕罗夫。2011年，另一台名为"沃森"的IBM计算机赢得了游戏节目"危险！"的胜利。而在2017年，谷歌人工智能公司DeepMind开发的人工智能模型"阿尔法狗"战胜了围棋世界冠军柯洁。

这些都是人工智能的精彩时刻。在"危险！"节目中输给沃森后，肯·詹宁斯写道："欢迎我们的新电脑霸主。"不过，别担心，这只是玩笑。虽然计算机在存储大量信息和快速处理信息方面非常出色，但是忽略了人类智力的一个重要组成部分——理解。沃森无法背叛人类成为霸主，就像一个烤面包机无法突然决定冷冻面包而不是加热它一样。

# 超强力量

我们目前所使用的沃森和其他智能系统只是狭义人工智能的例子。这种技术通常只能在特定的条件下完成一项工作。它使用超强的记忆和速度来完成任务。通过对棋盘200亿到400亿种状态的研究，深蓝找出了最可能取得胜利的走法。沃森能迅速整理百科字典、维基百科页面和其他参考资料，这相当于100万册书的内容。接下来，它还计算出哪些词和短语可能会用来回答问题。阿尔法狗与自己进行了近500万场游戏比赛来学习如何获胜。

阿尔法狗的成功依赖于一种叫作"深度学习"的人工智能新技术。深度学习并不意味着计算机对任何事物都有深刻的理解。这个名字指的是人工神经网络（ANN）的大小。这是一种人工智能模型，其结构受人脑启发。就像大脑一样，人工神经网络可以从经验中学习。

深度学习模型依赖于庞大而复杂的人工神经网络，必须学习或训练大量数据。为了学会识别图像，深度学习模型首先查看数百万张图像，每张图像都标有一个名称。如果有足够的例子，它可以找出与"狗""美人鱼"或"奶牛"等标签相匹配的形状和颜色。然后，当它看到一只没有贴标签的狗时，就会认出它。

深度学习极大地提高了计算机识别图像、识别人脸、翻译语言、掌握物体、设计新药等方面的能力。斯坦福大学研究人工智能与机器人技术的安德烈·库伦科夫说："到目前为止，我们还没有用完可以应用这些模式匹配、数据处理算法的领域。"深度学习是一项了不起的技术，但是与人类的思维能力不匹配。例如，Deep Mind设计的人工智能系统学会了名为"打砖块"的计算机游戏。游戏中有从一边移动到另一边的木板，能让小球弹起并击中屏幕顶部的砖块。令人印象深刻的是，这个系统设计了一个策略，就是在砖块中打出一条通道来获得比大多数人更高的分数。但是，如果木板在屏幕上向上移动几个像素的距离，算法就再也赢不了了。为什么会这样呢？

**这个系统设计了一个在砖块中打出一条通道的策略**

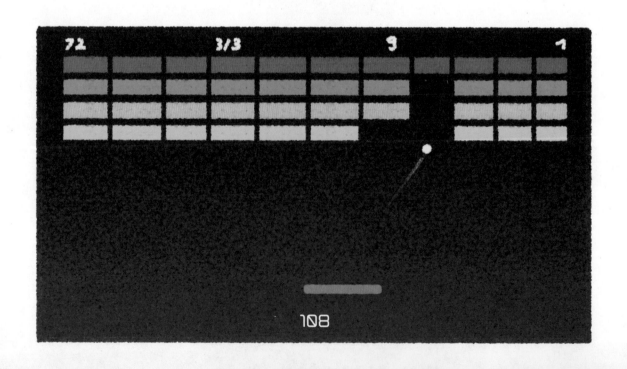

# 袋鼠和母牛

算法因为没有理解游戏而无法适应即使微小的变化。"它没有学会人类玩这个游戏时所使用的相同概念。"圣塔菲人工智能研究所研究员梅拉妮·米歇尔解释道。如果你只玩过一次"打砖块",你就会掌握游戏的大体情况:包括球、木板和砖块的用途,以及球从一个物体弹到其他物体上的状态。即使木板变成袋鼠,你也可以玩这个游戏,把菠萝从它的尾巴上弹下来以改变漂浮气泡的颜色。如今的人工智能系统却无法用学到的东西去适应新的情况。

**如今的人工智能系统无法用学到的东西适应新情况**

你不需要数以百万计的例子来学习新概念。事实上,你可能只需要一个例子就可以认识到未来的一个新想法:想象一头奶牛。在你脑子里有这样的印象吗?你可以用想象力和常识来想象这个古怪的生物。一个名为DALL-E的全新人工智能系统可以生成美人鱼奶牛图像,这得益于图像和语言处理算法的结合(它成功地画出了一张鳄梨扶手椅和一只长颈鹿龟)。不过,大多数计算机和机器人都无法处理如此令人惊讶的想法或情况。正如我们在第1章学到的,现实世界充满了惊喜。

工程师可以使用虚拟仿真来训练机器人和其他必须与现实世界交互的机器。不过,即使在模拟条件下,也不可能预测可能发生的每种情况。以无人驾驶汽车为例,虽然这些汽车确定可以自动驾驶,但人类几乎总要坐在驾驶座上,随时准备在必要时接管。这些汽车通常只能在天气和路况都良好的道路上行驶。扬·勒昆是Facebook公司的人工智能专家,在20世纪90年代开发了第一个深度学习系统。他指出,如果工程师放任目前的人工智能算法自行训练汽车驾驶,它需要驾驶数

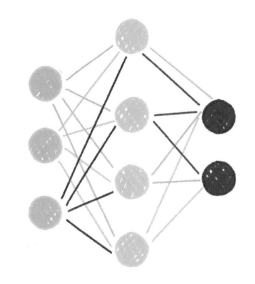

百万小时，碰撞成千上万棵树、房屋、动物、人、路标以后，才能学会识别并避开这些障碍。但是，如果在马路中间碰到一张沙发，它仍然不知道该怎么办！"这并不能反映出动物和人类的学习能力。"勒昆说，"有一些东西是缺失的。"

# 常识问题

**我们用常识来理解周围的世界**

缺失的东西就是常识。这包括因为习以为常而从不被人们提及的所有知识。我们用常识来理解周围的世界，预测将要发生的事情，并找出事情发生的原因。早在学习驾驶之前，你就明白高速撞上硬物的后果。你还清楚物体没有支撑就会掉落下来。绳子可以拉东西，但不能推东西。固体容器可以装液体，等等。计算机却不知道这些常识。

缺乏常识不仅会对自动驾驶汽车有影响，还是虚拟助手和机器人出现语言障碍的主要原因。当人们交谈时，会忽略那些显而易见的常识。由于这些信息对机器人来说并非显而易见，所以它们仍旧无法阅读和理解文本，也不能进行有意义的对话。如果你和虚拟助手（如Siri或Alexa）对话，会发现它经常说一些奇怪或不相关的话。而具备常识的机器人或虚拟助手会更容易交谈。

110

人类在婴儿和儿童时期就对常识概念进行了学习。不过，大多数基本常识对我们（和其他许多动物）来说是与生俱来的。即使是刚出生的小鸡也可以辨别不同的物体，理解移出视线范围的物体仍然存在。米歇尔认为："人工智能让机器具有18个月大的婴儿的常识，这依旧是巨大的挑战。"

或许，更快、更强计算机的强力介入可以解决这一问题。但许多专家并不认可。"我们还缺少一些基本的见解。"硅谷Robust. AI公司的联合创始人加里·马库斯说。他认为，人工智能开发者可能需要将内在的常识概念嵌入到计算机系统，或

者找到让计算机进行自主概念学习的途径。最有可能的是，开发人员不得不研发新的人工技能技术。这使强大的人工智能成为可能，也被称为人工通用智能。

## 智慧爆炸

当能够理解语言、掌握真实场景的人工通用智能到来时，会出现许多意想不到的机会。这种强大的人工智能系统会把人类对世界的推理和理解的能力与以惊人速度记忆和分析海量信息的能力相结合。每年大概有250万项研究成果发表，平均每

天超过5000项。没有哪个人能学习这么多的知识，所以科学家、医生和其他领域的专家时常会漏掉彼此的发现，这造成了科学研究的滞后。

**没有哪个人能学习这么多的知识**

计算机可以轻松阅读数百万篇研究论文。如果它有理解能力的话，就能加快新技术的开发、新药的研制等。它可以解决法律、政府和环境方面的问题，极大地提高人类完成任务的能力。马库斯说："我认为人工智能有朝一日能从根本上改变科学、技术和医学，这将是非凡的成就。"

**借助人工智能，我们正在召唤恶魔**

然而，人类或许会最终失去对强大智慧的控制。埃隆·马斯克有句名言："随着人工智能的开发，我们正在召唤恶魔。"为什么一个强大的人工智能会很危险？创造强大的人工智能最好的途径是建立可以自我完善的系统。一旦这样的系统建立，它就会使自己越来越聪明，以至于人类再也无法理解和控制它。不论它的目标是什么，人类都无力阻止它去实现。例如，人比青蛙聪明得多。大多数人不想伤害青蛙，也不屑于知道它们想做什么。即使修路需要穿过青蛙的池塘，我们也会毫不犹豫。青蛙无力阻止我们，也不会对即将发生的事情有所准备。当涉及超级智慧的人工智能时，我们就变成了青蛙。

因此，人工智能发展的关键是让它的目标与人类的目标相匹配。换句话说，人工智能需要关注下层的青蛙，并充分考虑它们的需要和愿望。赋予机器对错的观念并不是一件简单的事情。幸亏有了"人工智能联盟"这样的机构，他们提出了安全可靠的人工智能发展指南。

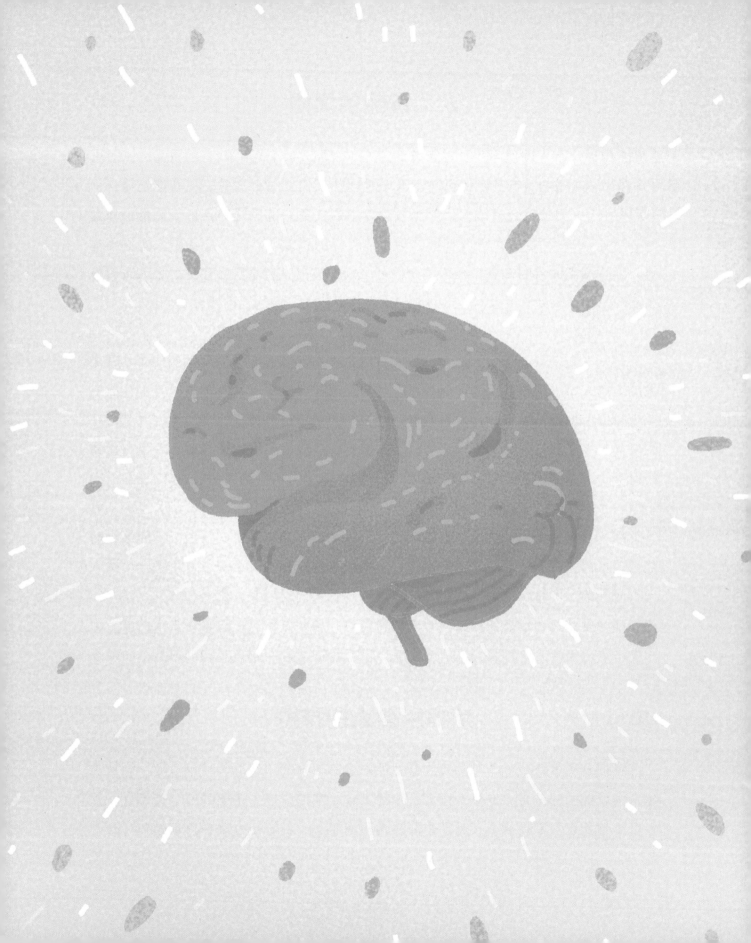

# 人工智能的风险

**人工智能可以学习并保持人类的偏见**

即使不开发超级智慧的人工智能，我们已经拥有的狭义人工智能也会带来严重的风险。人工智能使我们能够更高效、更智能地做任何事情，包括杀人或控制人等可怕的任务。世界领导人可以制造出知道如何隐藏自己或如何选择具体目标的智能武器。一些活跃人士已经在努力阻止这类武器的发展。人工智能也可以用于监视。政府可以建立一个人工智能驱动的系统，时刻监视人们，奖励那些遵守规则的人，而惩罚不遵守规则的人。

另一个危险要微妙得多。人工智能可以学习并保持人类的偏见。例如，一些经过训练的人脸识别软件无法像识别浅肤色的脸那样容易地识别深色的脸。为什么？因为数据有偏差。通常，开发人员在海量在线图像集合上训练他们的模型，其中往往包含更多浅肤色的脸。使用这种模型的警察部门或机场可能会拘留那些没有做错任何事的人，仅仅因为模型错误地识别了他们。这是不公平的，带有种族歧视。

我们如何避免人工智能中有害的偏见？俄亥俄州立大学工程学院 **它应该提升人** 院长、机器人专家艾安娜·霍华德说："我们需要有不同的声音。" **类——全人类** 当不同种族、国籍、性别、社会经济阶层和年龄共同创造新技术时，他们都为设计过程带来各自独特的视角和经验，从而产生真正适合每个人的技术。"如果我们成为更好的人，我们创造的人工智能也会变得更好。"霍华德说。

## 造福所有人的技术

共同努力改进我们自己和我们创造的技术不仅在人工智能领域很重要，在所有技术领域都同样重要。记住，技术是一种工具，我们应该为正确的目的使用它。这些目的是什么？不是每个人对是非都有相同的看法，但有几点我们可以达成一致。

有益的技术使我们更容易过上健康的生活，学习、发现、探索、相互理解和表达自己。它应该提升人类——全人类——而不仅仅是那些拥有金钱和权力的人。

本书所探讨的任何未来技术的发展都将以奇特和不可预测的方式改变世界（可能还有整个宇宙）。但我们必须试着想象会发生什么，因为我们只能为事先考虑过的未来做好准备。

因此，我们必须尽情拓展想象力、奇迹和梦想。然后，我们必须进行研究、试验并为我们的价值观代言。你和身边的每一个年轻人将决定如何使用人类正在开发的惊人技术。未来就在你手中。你会为它做些什么呢？